Jan Röhnert

Vom Gehen im Karst

NATURKUNDEN

Für Flora, Kai, Mirette

Den Liebhabern des Steinbruchs

NATURKUNDEN № 73
herausgegeben von Judith Schalansky
bei Matthes & Seitz Berlin

Inhalt

Denn von den Felsen ist wohl mancher,
Aus welchem Ströme quellen,
Und mancher ist von ihnen wohl, der spaltet sich,
Und aus ihm fließet Wasser,
Und mancher ist von ihnen wohl, der niederstürzt

Koran, 2. Sure, Vers 76–78,
übertragen von Friedrich Rückert

Der Karst als Trost unserer Zivilisation.

Scipio Slataper

In den Sandsteinbrüchen von Kraftsdorf
sieht man Baumwurzeln mehrere Meter tief
längs der Spalten in die Felsen eindringen.

Johannes Walther,
Lithogenesis der Gegenwart

1—Aufbruch: Die Steinbrüche

Ich bin ein Kind jener Sandsteinhügel, die sich hochebenenartig zwischen den Flussläufen von Saale und Weißer Elster quer durch das ostthüringische Mittelgebirgsvorland hin ziehen. Die Felsen entlang der vom Bahnhof Hermsdorf/Bad Klosterlausnitz nach Gera führenden Gleise auf den Höhen des abschüssigen Erlbachtals zeugen von der früheren Abbruchtätigkeit auf diesen Hängen: uneben geschmirgelte Säulen und Flächen, mit vorstehenden schrundigen Nasen und Stirnfalten, ausgewitterten, windgeschliffenen Hohlräumen, Einbuchtungen, Kehlen, Schlunden, Löchern, Rillen quer über die Kanten der Blöcke hinweg. Die Sandsteine gehören den Erdepochen des Trias, Karbon und Tertiär an, verdanken sich Auftürmungen von eingetrocknetem, über Jahrmillionen unter Druck verfestigtem Meeressand, zusammengepressten Quarzkristallen, vermischt mit Kalksedimenten und Spuren von Metall. Bloßgelegt und befreit vom Humus der quartären und pleistozänen Einträge sind sie nunmehr der Erosion, dem erneuten Zerfall zu Sandkörnern, zu Schutt und Staub preisgegeben. Sie bilden fantastische Steilwandbuchten, bisweilen vom Astgewirr alter Streuobstbäume gesäumt, die sich in schmalen Hohlwegkerben bis zur Trasse der A4 am Tümmelsberg hinaufschrauben, einem lichten Olymp zwischen Erlbachtal und Saale-Holzland-Platte. Aus dieser Gegend komme ich.

Eben noch habe ich beim Gehen dort oben den dünnen Humus aufgekratzt, bin an den verschieden grau, rot, braun und gelb getönten Aufbrüchen vorübergekommen, die meine Sandsteinhochebene markieren. Ich stand über der Schlucht des Oberndorfer Steinmetzen, der seine Schafe auf dem abschüssigen Hügel am Rand des Steinbruchs weiden lässt, habe von der alten Pflaumenbaumwiese aus übers Dorf geschaut, habe am Rand des Wäldchens kehrtgemacht, die vor meinen Schritten erschrockenen Rehe davonspringen gehört, raschelndes Laub und knackendes Holz, auf dem lichten, ins Dorf zurückführenden Grasbuckel dem im Aufwind kreisenden Milan zugesehen. Aus dem Bahntriebwagen schaue ich nun für Sekunden von unten zur selben Hügellehne hinauf, auf welcher ich vorhin gegangen bin, dann ist sie vorübergerauscht. Ich habe an einem Kirschbaum gestanden, mir das Rund seines Stamms angesehen – eine Rolle rußgeschwärzten, unter den Fingern zerbröselnden Pergaments –, im Knien die Stelle betrachtet, wo der Schaft das Erdreich verlässt, die Wurzel in den Stamm übergeht: lockerer Humus um die Schale der Borke geworfen, lose darauf bröckeliges Gestein verstreut, von dem ich nicht sicher weiß, sind es Reste von Zement, Verputz, doch wie sollten diese hierher gelangt sein, oder tiefer gelegene Kalksedimente, die ein Maulwurf hinaufbeförderte. Zwischen dem schwarzen Humus und den weißen Steinchen liegen hohle Kirschkernhülsen, Schafkotkügelchen, Laub vom letzten Herbst, moosgesprenkelte abgeschälte Schichten Baumrinde, ein Bild von plötzlicher Vollkommenheit, erklärungsloser Evidenz. Mir kommt das ockergelb eingebundene Herder-Bändchen aus dem Nachlass meines Großvaters in den Sinn, das ihm jemand, »um Trost zu spenden«, wie auf dem Umschlag steht, nach dem Tod der Großmutter geschenkt hatte, aus dem Arabischen übersetzte Verse und Sprüche. Der ägyptische Sufi Ibn Ata' Allah schrieb um das Jahr 1300 aus den Steinbrüchen von Muqattam oberhalb von Kairo:

Er läßt die Eingebung dich erreichen,
um dich zu lösen aus der Hand der ›anderen Dinge‹
und dich zu befreien vom Joch der geschaffenen Zeichen
und dich zu führen
aus dem Kerker deiner Existenz
in das weite Feld deiner Schau.

*

Die Landschaften meiner Kindheit sind doppelt zerbrochen. Einmal war mit dem Ende meines Kindseins im Herbst 1989 schlagartig die Welt zerbrochen, welcher meine Landschaften angehört hatten, die Welt, welche wir in einem verdächtig hoch gestimmten Lied im Musikunterricht als »meine Heimat« gepriesen hatten. »Meine Heimat« erschöpfte sich für mich jedoch nicht im Sozialismus des Klassenzimmers, sondern befand sich in der Welt der Steinbrüche, in die ich nach dem Ende eines jeden Schultages flüchtete, die Großeltern kurz grüßend, um durch das mit Hartriegel und Holunder verbuschte Unterholz hinter dem Haus zu streunen und auf den Felswänden und -bänken umherzuklettern.

Drei Generationen zurück hatten die Vorfahren hier noch Steine gebrochen und als Baumaterial vertrieben, sogar bei der Restaurierung des Naumburger Doms seien die porösen, windgeschliffenen Blöcke verwendet worden, die im Handel und unter Geologen den Namen ›Kraftsdorfer Sandstein‹ führen. Die Brüche waren mittlerweile Abenteuerspielplätze geworden, auch wenn rot umrandete Schilder vor der Lebensgefahr beim Betreten warnten, *gebrochen* wurde die Landschaft gleichwohl noch immer, wenn nicht in meiner holzländischen Sandsteinprovinz, so doch unweit im Osten Geras bei Ronneburg bis jenseits der Bezirksgrenze im sächsischen Vogtland.

Keine harmlosen Baustoffe grub man dort aus, sondern strahlendes Erz, aus 400 Metern Tiefe, die Blende ging direkt zu den ›Freunden‹ von der Roten Armee, die damit die Sprengköpfe ihrer Raketen bestückten. Die Hauer unter Tage beschäftigten sich wenig mit der Veredelung des strahlenden Halbleiters, wo sie einfuhren, war es allezeit warm, und wenn sie zurück ans Tageslicht kamen, tranken sie ›Akzisefreien‹, sogenannten ›Bergarbeiterschnaps‹ oder Wodka aus geriffeltem Flaschenhals mit Banderole. Er hielt sie bei Laune, half ihnen die Risse in ihren Landschaften vergessen, die Werte auf dem Geigerzähler, den Staub in ihren Lungen. Strahlung sei unsichtbar, höre ich meinen Vater sagen, während er auf der Couch liegend die Moskauer Militärparade mit dem Staatsbegräbnis Leonid Breschnews verfolgt, ein endloser Trauerzug, der sich über die Mattscheibe zu einem schwermütigem Marsch bewegt. Aber ein Fernseher war gar nicht nötig, um die unterirdische Verbindung zwischen uns und den über den Roten Platz gezogenen Marschflugkörpern herzustellen. Gingen wir nach draußen und stiegen den Kesselring des Steinbruchs hinauf, sahen wir in der Ferne die Kegel der Ronneburger Abraumhalden – sie hätten sich geeignet, den Leichnam des dahingeschiedenen Sowjetpatriarchen wie die Pyramiden von Gizeh durch die Jahrtausende zu tragen –, Fixpunkte am Rand meiner Dorfkindheit. Fünfzehn Jahre nach dem Systemwechsel schließlich wurden sie vollständig von den Renaturierungsmaßnahmen der Bundesgartenschau geschleift. Unterirdisch blieben die Wunden, die Schächte, die Halbwertszeit. Und in mir blieb die Zuflucht des Sandsteinbruchs.

Als ich durch andere Landschaften kam, die Muschelkalkkuppen Jenas umwanderte, die Kalkhänge des Apennin und der Provence kennenlernte, den Travertin von Weimar-Ehringsdorf, im Südharz bei Kelbra ein wundersames Gebiet aus Trichtern, Gipskalkfelsen, Erdfällen und Magerrasen entdeckte, das ich in frühlingshafter Entrückung mit meiner noch nicht dreijährigen Tochter im Huckepack durchstreifte, aufgefaltete Vorgebirgszüge aus kargen Plateaus, Horizontalen, Gräben, Hohlwegen, Schluchten, kegelartigen Höhen, ausgedehnten Triften und weiten, muldenartigen Talgründen – so schienen sie mir alle, so verschieden sie auch waren, die Entsprechung eines inneren Bildes zu schenken, das ich schon in mir trug. Dass man diese porösen, vielen als reiz- und gestaltlos geltenden Landstriche, die auch landwirtschaftlich kaum Erträge abwerfen, mal mehr, mal weniger geologisch exakt als ›Karst‹ bezeichnet, ist mir erst später bewusst geworden.

Wenn ich mich richtig erinnere, habe ich diesen Ausdruck zum ersten Mal in der Grundschule gehört, die dort, wo ich aufwuchs, ›Unterstufe‹ hieß. Es muss in der dritten oder vierten Klasse gewesen sein, im ›Heimatkundeunterricht‹. Die Lehrerin versuchte uns die Karsterscheinungen zu veranschaulichen: Das weiße Gestein. Bildet. Schluchten. Höhlen. Brüchig. Rissig. Wasser verschwindet. Bricht woanders wieder hervor. Stellt euch Slowenien in Jugoslawien vor, Istrien am Mittelmeer, die Adria – dort, wo mein Finger jetzt liegt und ihr mit viel Glück einmal sein werdet. Also stellte ich mir den Karst sehr weit weg vor, als eine Landschaft, die ich nur in meiner Vorstellung besuchen würde. Wie hätte ich 1986 oder 1987 vom Hermsdorfer Kreuz in Ostthüringen einfach nach Slowenien reisen können, wo doch die Grenze meiner Welt spätestens am Balaton erreicht war? Dass es Karst nicht nur im damals fernen Istrien, sondern auch in meiner unmittelbaren Nähe gab, musste ich überhört haben, oder die Lehrerin hatte es verschwiegen, weil sie nichts davon zu sagen wusste, obwohl es sich doch um Heimatkunde handelte.

Wie sehr der Karst zu meiner eigenen Landschaft gehört, wie sehr der Karst unendlich viele Landschaften des Globus prägt, mögen sie auch äußerlich nicht viel miteinander zu tun haben, wie sehr er sich in verschiedenste Landschaften einschreibt und das Gesicht der Erde prägt, weiß ich erst jetzt, nachdem ich mich in den Karst eingelesen habe und ihn ein Stück weit abgewandert bin: im Südharz, am Golf von Triest und in Südfrankreich. Viele übrige Karstlandschaften erschlossen sich mir nur aus Filmen, Lektüren, dem Hörensagen, der Vorstellungskraft.

Karst bildet die Berührungsfläche zwischen Wasser und Stein, eine elementare Schwelle, an der zwei einander fremde Elemente sich durchdringen und in ihrer verwickelten Diffusion eine nicht vorhersagbare, permanent sich verändernde Landschaft formen. Wie das Wasser den Stein erweicht, der Stein das Wasser leitet, so durchdringen sich hier Oberfläche und Unterwelt, wird der Erdboden verschluckt, während zugleich die Unterwelt offen zutage tritt. Diese permanente, beinahe planmäßige Verwirrung des Gegebenen, in der das Feste flüssig, das Flüssige fest wird, die eine herausfordernd bizarre, zwischen Schauder und Schönheit changierende Formensprache hervorbringt, das bildet die Faszination des Karsts.

Der Satz, mit dem 1864 der österreichisch-italienische Diplomat und Geologe Franz von Marenzi seine in Triest erschienene Studie *Der Karst* beschließt, die ihn zum Begründer der empirischen Karstforschung machte, könnte gegenwärtiger kaum sein: »Wir leben im Fragment«, heißt es bei ihm, nachdem er akribisch und minutiös die Phänomene der istrischen Karstlandschaft aufgelistet und beschrieben hat. Von Marenzis ›Einsturzhypothese‹, die er mit seiner *Karst*-Schrift hatte beweisen wollen und nach welcher die Gebirge weniger das Resultat von Hebungs- als von Erosions-, Schwellungs- und Lösungsvorgängen seien, mag noch etwas von der Totalität romantischer Welterklärungsmuster anhaften; die fragmentarische Form seines Versuchs indes vermittelt das Gegenteil. Es scheint eine Entsprechung zwischen dem permanent vorläufigen, unfertigen Charakter des Karsts sowie seiner Formensprache und dem Fragment zu geben, mit dem er im Buche steht. Es wäre ein Widerspruch in sich, den Karst in eine endgültige, abgeschlossene Form zu pressen.

Hinter der Wiese erhob sich eine hohe Klippe,
an deren Fuß er eine Öffnung erblickte,
die der Anfang eines in den Fels gehauenen
Ganges zu sein schien.

Novalis, *Heinrich von Ofterdingen*

2 — Norden: Die Südharzklippen

Als ich im Spätsommer 2011 nach Braunschweig zog, lag plötzlich der Harz zwischen mir und meiner – südlicheren – Thüringer Herkunftswelt. Um mit dem Zug zu meiner Tochter in Weimar oder dem Sandsteinbruch der Eltern am Hermsdorfer Kreuz zu gelangen, standen mir drei grundverschiedene Routen zur Wahl. Die eine führte über Göttingen und das Eichsfeld ins Thüringer Becken süd-, südostwärts hinab, ein Regionalexpress mit Neigetechnik, an dessen Fenstern die Landschaft schnell vorbeirauschte, gleich hinter Göttingen an der ehemaligen Grenze zwischen Friedland und Heiligenstadt die kugeligen Basalthügel vulkanischen Ursprungs und die ihnen folgenden grünen Kuppen des Eichsfelds.

Die andere Verbindung führte mit dem Intercity von Braunschweig über Magdeburg und Halle und von da weiter mit der vom holländischen Abellio-Unternehmen betriebenen Regionalbahn an Merseburg, Weißenfels, Naumburg, Bad Kösen vorbei, bis der Zug sich hinter Großheringen von der aus Jena im Süden kommenden Saale trennt und nordöstlich auf die Ilmplatte einschwenkt, um über Bad Sulza, Apolda, Oßmannstedt ins Thüringer Becken zu rauschen. Mein Heimatgefühl hat mit den faktischen Thüringer Landesgrenzen wenig zu tun; Friedrich Nietzsche adressierte seine Briefe ins heute im sachsen-anhaltinischen Burgenlandkreis gelegene Naumburg stets nach ›Thüringen‹. Ziemlich präzise ist das Gefühl für die Herkunftslandschaft, wie sie auch heißen mag, immer in dem Moment da, wenn mit der Ansage des nahenden Weißenfels (das als Stadt aber noch nicht zu erblicken ist) die Saale linker Hand parallel zum Gleisbett in ihrem Lauf sichtbar wird und rechter Hand die kalkwarme Böschung mit ihren Weinstöcken beginnt, die, der Saale folgend und die Zuflüsse der Unstrut und Ilm berührend, der Gegend mit ihren weichen hellen Hügellehnen bis nach Bad Sulza hinüber eine südliche, beinah schwerelos schwebende Unbeschwertheit verleiht.

Die dritte per Bahn mögliche Route von Braunschweig nach Thüringen war die längste und mit drei Umstiegen auf Regionalbahnhöfen die umständlichste von allen, nie kam ich unter viereinhalb Stunden in Weimar an. Doch es war die bei Weitem aufregendste Verbindung – sie führte direkt in den Karst. Einmal pro Stunde verabschiedet sich von Braunschweig ein Regionalzug nach Herzberg am Harz. Hat man die Agglomeration Salzgitters hinter sich gelassen, kommt von Osten der Brocken in Sicht. Es gibt eine Stelle zwischen Salzgitter und Seesen, von der aus am Bahnfenster die Ausdehnung des höchsten Harzmassivs aus der sanft gewellten, beinah toskanischen Ebene ragt. Ich wartete immer auf diese Stelle, die mich jedes Mal beim Hindurchfahren an das Fernweh von Eichendorffs *Taugenichts* erinnerte, ein selten gewordener Blick in eine unverstellte bläuliche Weite und Ausdehnung, der etwas in einem weckte, das der Wanderlust seines Helden vergleichbar schien, das Verlangen, einfach loszugehen auf Streifzüge unter freiem Himmel, solange die Sonne irgendwie heiter über einem steht. Und das tat sie an dieser Stelle zumeist, dem ersten ›Höhepunkt‹ der Strecke, der ausdrücklich nach draußen führte, einen Aufbruch verhieß – auch wenn dieser heute nicht mehr, anders als auf Goethes Winterreise 1777, zum Brocken zielt, dem von Tagesausflüglern überrannten Harzmagneten, sondern bald an die scheinbar unbedeutenden, wie ausgemergelt wirkenden flacheren und blasseren Ränder führt, die kalk- und gipsweißen Flecken im südlichen Vorland, dem sich der Zug auf seiner Route über den Westharzrand nähert.

Hinter Seesen und dem Vorwerk Münchehof hält die Bahn oberhalb von Bad Grund, vor einigen Jahren von George Clooney als Drehort für ein Bilderbuchvorkriegsdeutschland auserkoren, später jedoch wieder herausgeschnitten, vielleicht weil es zu unspektakulär wirkt: Bad Grund, der westliche Beginn des Karstwanderweges, der Stadt Osterode vorgelagert, welche schon bei der Annäherung von Norden mit ihren von Goethe bemerkten steilen Gipskarstwänden blinkt, ein schroffes weißes Riesengebiss, Osterode, ein Basislager, das ich seiner Pfade ins Karstumland wegen – nach Ührde, Düna, Hörden – vielfach angesteuert habe. Schließlich erreicht die von Braunschweig kommende Bahn in Herzberg ihren End- und Umstiegspunkt,

Herzberg, seiner Eigenwerbung zufolge die ›Esperanto-Stadt‹, dessen Hinweisschilder zur Hebung der touristischen Neugier oder einer Vorliebe des Stadtrats folgend zweisprachig auf Deutsch und Esperanto gehalten sind. Beim Verlassen Herzbergs mit dem Nordhäuser Regionalexpress gilt der erste Blick den linker Hand frei über dem Tal vor der Station Bad Lauterberg thronenden Dolomitfelsen samt der wie Ruinentrümmer gähnenden Vorzeithöhlenlochspalte, während tiefer im Wald gelegen die wirkliche Ruine der Burg Scharzfels blinkt, Geheimgefängnis des Königreichs Hannover, indes die Bahn weiter am Karst den Südharzrand umfährt, vor Bad Sachsa die imposanten weißen Sachsenklippen, massive waldgrüne Gipsvorsprünge rechter Hand, dann zwischen Gips- und Kalkwänden schlingernder Schienenweg bis Walkenried, Zisterzienserklosterort, an einst von Mönchen kultivierten Teichen vorbei, in den Tunnel unter einem Felsgrat hindurch – dem ›Himmelreich‹ –, auf einer Anhöhe in einem Garten, wieder im Freien, weht das Thüringer Löwenemblem, Ellrich erreicht, die Barackenreste des ehemaligen KZ zur Rechten, steile Gipssteinbrüche, zur Linken vor Woffleben wieder ein weißer ins Land hineinragender Klippenvorsprung, schließlich Niedersachswerfen, die Salzasenke, Siedlungen in der Ebene vor Nordhausen, der basaltbraune Gründerzeitbahnhof, wo diese Fahrt endet. Dann weiter auf die Bahn nach Erfurt, mit den malerisch an der Hainleite im Tal der Wipper gelegenen Dörfern Werther, Wolkramshausen – wo ich abwechselnd Schafe und Lamas weiden sah –, Kleinfurra, Ausläufer des Südharzes bis Sondershausen, wo die Landschaft von Bergwerks- und Tagebauschächten steppenartig verkarstet wirkt, kahl und unwirtlich, bis der Zug ins Thüringer Becken mit seinen korbweidenbestandenen Bächen und Speichern schwenkt, Ortsnamen wie Wasserthaleben, Greußen, Straußfurt, weite Feld- und Ackerflächen, wälderlose Himmel, bis man schließlich in Erfurt eingetroffen ist. Diese Route lehrte mich, dass nur eine Stunde südlich von Braunschweig der pure Karst beginnt.

*

Landschaft kennt keinen einzelnen, privilegierten Standpunkt, sondern eine Vielzahl von Zugängen – eine Tatsache, die gleichermaßen auf die

Aneignung von Landschaft im Gehen wie im Lesen zutrifft, auf die Kunst des »Spaziergangs« (Robert Walser) wie auf die wissenschaftliche »Landschaftskunde«, an welcher, wie ihr Verfechter, der Hannoveraner Geoökologe Hansjörg Küster, meint, alle denkbaren Disziplinen beteiligt sind. Die als Gründungsdokument des neuzeitlichen Landschaftsbegriffs geltende Epistel Francesco Petrarcas von der Besteigung des Mont Ventoux im Jahr 1336 ist noch kein Essay im Sinne Michel de Montaignes, der seinen Gegenstand unbeirrt vorurteilsfrei von allen Seiten anzupeilen sucht, aber dieses erste, vor knapp 700 Jahren brieflich mitgeteilte Gipfelerlebnis, mag es in der stilisierten Form auch gar nicht stattgefunden haben, wäre nichts ohne die persönliche Motivation – Petrarcas Neugier –, die zur Besteigung und der nicht ausbleibenden Konfrontation naturkundlichen Wissens (Geografie, Geologie, Botanik und Klimatik des Berges) mit der religiösen Innerlichkeit führt: just die *Confessiones* des Augustinus werden oben auf dem Gipfel zur Selbstvergewisserung aufgeschlagen.

Die subjektive Wahrnehmung und Niederschrift dessen, was die Landschaft um ihn herum ausmacht, wirft den Briefschreiber Petrarca auf sich selbst und die Frage nach dem Sinn oder Unsinn, der ›Eitelkeit‹ seines Unternehmens im Licht der augustinischen Heilslehre zurück; ein autobiografischer Impuls, der, mag er auch das Glaubensfundament des Epistolaren unterlaufen, die Kulturgeschichte der neuzeitlichen Landschaft begründet. Goethes geognostische Kuriosität über vier Jahrhunderte später während seiner Besteigungen von Brocken, Gotthard und Vesuv braucht ihre profane Neugier nicht mehr zu kaschieren. Im Gegenteil: Erst die autobiografische Konstitution des Vorhabens gibt ihm die Möglichkeit, aus seinen Gipfelerlebnissen eine Kulturgeschichte und Naturwissenschaft, Hermeneutik und Empirie verbindende Landschaftskunde zu machen.

Die modernen Naturwissenschaften und Philologien sind jedoch weder Petrarca noch Goethe im Impuls gefolgt, das autobiografische Fundament der Neugier zum Sprechen zu bringen. Es ist in aller Regel nicht Teil der akademischen Forschung egal welchen Fachs, sich über die persönlichen Hintergründe, die einen zu einer bestimmten Fragestellung und Methode drängen, auszulassen – die privaten Umstände sollen höchstens um Aufmerksamkeit für den Gegenstand werben, ohne dass der Forschende ihnen selbst einen heuristischen Wert zubilligen würde. Landschaft aber ist Teil der Lebenswelt und ihrer Narrative. Diese umfassen literarische oder künstlerische Darstellungen von Landschaft ebenso wie alltägliche Wegbeschreibungen, Routenverläufe, Erzählungen gewöhnlicher »Praktiken im Raum« (Michel de Certeau) sowie empirische Narrative von Landschaft, die das von den Geo- und Klimawissenschaften, der Botanik und Zoologie akkumulierte Wissen in einen anschaulichen Zusammenhang bringen.

Die den Mittelgebirgen von Harz und Thüringer Wald unmittelbar vorgelagerten, oft zwischen Sandstein- und Muschelkalkschichten wechselnden tektonischen Schwellen rühren an Räume, in denen sich die ›Aufschlüsse‹ für mich in ›Aufbrüche‹ verwandeln, Zonen der vom Boden ausstrahlenden Unsicherheit und Unbestimmtheit, in denen sich etwa Muschelkalk in Buntsandstein, Buntsandstein in Muschelkalk verwandeln, in denen Unebenheiten, Wellen, Erdfälle auf eine geologische Störung verweisen, wo Säulen, Riffe, Sedimente aus Gips, Travertin, Zechstein aufeinanderprallen. Wo solches geschieht und es wechselweise hervorbricht oder einsickert, zeigt sich der Karst.

Im Zentrum der Saale-Elster-Sandsteinplatte in der Nähe meines Herkunftsortes Oberndorf, an der Grenze zwischen den Landkreisen Greiz und Saale-Holzland, erstreckt sich ein bewaldetes Plateau von um die 340 Metern Höhe bis hart an die Ränder von Bad Klosterlausnitz, Tautenhain, Rüdersdorf und Bad Köstritz. Die Fläche zwischen den Dörfern wurde 1935 von der Wehrmacht für den Bau einer ihrer ›Munitionsanstalten‹ beschlagnahmt. Der Name ›Muna‹ ist bis heute der allgemeine Flurname für diesen Wald. Der sogenannte ›Muna-Wald‹ beherbergt noch immer militärische Altlasten des Zweiten Weltkriegs und der sozialistischen Nachfolgejahrzehnte. Die von den nach Kriegsende unter amerikanischem und sowjetischem Kommando durchgeführten Sprengungen der dort unterirdisch von Gefangenen des KZ Buchenwald eingelagerten Munition und die Nutzung als NVA-Manövergelände haben die Gegend nachhaltig verändert, sodass sich heute als Flora-Fauna-Habitat renaturierte Busch- und Steppenkomplexe, auf denen zwischen einstigen Panzerrillen schottische Hochlandrinder und Konik-Wildpferde weiden, mit undurchdringlichen, an die hypnotischen Bilder von Andrej Tarkowskis *Stalker* erinnernden verbotenen Waldzonen abwechseln. Im Heidekraut sollen in Frühsommernächten der Ruf des Ziegenmelkers und das Knarzen der Knoblauchkröte zu hören sein. Da die Wiesen und Felder der angrenzenden Dörfer dank der kargen Sandsteinböden keine weitflächige Landwirtschaft zulassen, haben Milane, Bussarde und Falken hinlängliche Jagdgründe. Ein Windparkprojekt blieb bislang wegen des in der ›Muna‹ gesichteten Schwarzstorchs in der Schublade stecken.

Was hier auf den ersten Blick wie Karstdolinen oder Erdfälle aussieht und die siebartige, buckelige Unebenheit des Waldbodens erzeugt, sind Bombentrichter, in denen sich Wasser sammelt, das kaum abzufließen vermag. Neben diesem unechten, vermeintlichen Karst gibt es noch die ›Sandlöcher‹, schlottenartige Höhlen und Abgänge, in denen der Sandstein sich aufzutun und durchlässig zu werden scheint – ein Riss im Geschiebe, der nur zermalmten Stein, Steinstaub, lose Quarzkristalle birgt. Jahrhundertlang stieg man in diese Löcher und Schlotten hinab, beutete sie aus, um Scheuer- und Schmirgelsand zu gewinnen. Es ist ein seltsames Zusammenspiel quartärer, eiszeitlicher Reste und gestörter tertiärer Tektonik, das dieses Grubensystem hervorbringt. Die Frage bleibt: Wohin fließt hier das Wasser ab, wo und wie versickert es, wo tritt es wieder aus?

Der Geologe Klaus Götze, NABU-Vorsitzender im Saale-Holzland-Kreis und Autor des Traktats *Zur Landschaftsentwicklung und Verkarstung zwischen Saale und Ilm*, charakterisiert die sich aufeinanderschiebenden Gesteinslagen und ihre an den Schwellen auftretende Neigung zum Karst in Sätzen, deren Fachvokabular – zumindest vor dem inneren Auge der in Erdkunde Bewanderten – einen kühnen erdgeschichtlichen Zeitraffer entrollt:

> *Die präeozäne Einebnungsfläche bildete sich unter langer tektonischer Ruhe bei einem tropischen bis subtropischen Klima heraus und blieb auch im Tertiär das dominierende Landschaftselement in Thüringen. Lediglich die nördlichen Randgebiete Ostthüringens und das subrosive Weiße-Elster-Becken mit seinen Versenkungen gehören kurzzeitig während des Mittel- und Obereozäns zum marinen Einflussbereich am Südrand des Nordwesteuropäischen Tertiärmeers. Das Klima*

im Mittel- bis Obereozän war wechselnd semiarid bis vollarid und prädestiniert für die Subrosion des Untergrundes durch die Auslaugung der Steinsalze, Gipse, Anhydrite des Werrazechsteins und unterirdischer Karsthohlformen. [...] *Im Zeitraum vom Oberoligozän bis zum älteren Miozän breitet sich der nordwestsächsische Schwemmfächer über Ostthüringen aus und überdeckte weitflächig damit auch die heutigen Buntsandstein- und Muschelkalkhochflächen sowie das gesamte ostthüringische Zechsteingebiet.*

Götzes Zeitraffer endet an der Schwelle zur geologischen Gegenwart: »Die holozänen Sedimente der Flüsse sind stets linienförmig in die wechselzeitlichen Niederterrassenschotter eingesenkt und bestehen aus jüngstem Auelehm, einer Riethserie mit Schluffen, Torf, Mudde und anmoorigen Bildungen, die von geringmächtigen Kiesen und Sanden unterlagert werden.« Je mehr man sich dem Boden, auf dem man fest zu stehen meint, nähert, je intensiver man auf ihm gehend in ihn hineinblickt, umso schwankender wird er.

Der Fachjargon ist der Treibsand, auf dem ich mich dem Karst nähere – ein Rauschen, ein nur halb verstandener Sound aus Geländeformen, Erdzeitaltern und Gesteinstypen. Was dabei unmittelbar auffällt, ist die Bedeutung, die der Autor Schwellen, Übergängen, Vermischungen und Zwischenräumen beimisst, wenn er von ›Quellhorizont‹, ›Schichtgrenze‹, ›Wasserwegsamkeit‹, ›Spalten, Störungs- und Zerrüttungszonen‹ schreibt. Keine andere Wissenschaft scheint sich wie die Geologie einer so plastisch-drastischen Metaphorik zu bedienen, die in ihrer satten Bildlichkeit wuchtige Register zieht, wo ganze Räume in einem Halbsatz entstehen, um im folgenden Satzglied wieder untergraben und verschüttet zu werden. »Die Karsthöhlen im Muschelkalk« seien an »Störungszonen gebunden oder als Abrißklufthöhlen einzuordnen«, Dolinen am häufigsten »im Ausstrichbereich des Salinarröts (...) entwickelt«, und zwar zumeist als »Lösungsdolinen, wo die Verkarstung von der Oberfläche ausgeht und in die Tiefe fortschreitet«.

Tatsächlich machen die erwähnten Sandlöcher im renaturierten Muna-Forst der Kindheit noch wenig her, sind höchstens ein Paraphänomen im Vergleich zur Art, wie sich in annähernd der gleichen Gegend urplötzlich eine Zechsteinbank aus dem Buntsandstein, Muschelkalk oder Lehm an die Oberfläche schraubt. Im bei Bad Köstritz gelegenen Gleina gibt es zwischen Dahliengärtnereien und Ackerland einen von der Bahn aus sekundenbruchteilkurz sichtbaren, gipsgrau zerklüfteten, mit schwerem Wildtierzaun abgesicherten Hügel, der zu den bedeutendsten urgeschichtlichen Fundstellen Thüringens zählt. Die Hangwiese ›geht plötzlich ab‹, ist an mehreren Stellen wie unter einem Erdfall abgesackt und eingestürzt, und aus der rötlich braunen Lehm- und Humusdecke tritt das Weiß einer Kalksäule hervor. Der Boden ist wie zerwühlt, abschüssig, unwegsam, kahl auf den kalkweißen Schrunden und Gipsflächen, die den Hang im Halbkreis überziehen. Tiefer hinab finden sich Spuren von Grabungen, ein ausgeschachteter, angebohrter, dann teilweise wieder zugeschütteter Steinbruch – nicht mehr zu unterscheiden, was Erdfall, geologischer Aufbruch, was ausgeschachtet, gegraben oder herausgebrochen ist: eine Schrunde, sichtbare Schwelle und Bruch in der Landschaft.

Unter den Büchern im Schrank meines Großvaters väterlicherseits, der aus Gleina stammte, befand sich *Ao, der Mammutjäger*, eine Darstellung des steinzeitlichen Jäger-und-Sammler-Kollektivs, wie man es sich in den 1950er- und 60er-Jahren im sozialistischen Ostblock vorstellte. Die kindlichen Jagd- und Sammelplätze meines Großvaters müssen in unmittelbarer Nähe zu dieser Gipskarstkuppe gewesen sein, unter der man zwischen 1820 und 1828 bei Erdarbeiten Skelette urzeitlicher Tiere wie Mammut, Wollnashorn, Waldelefant, Riesenhirsch und Säbelzahntiger fand; ähnlich spektakuläre Funde machte man erst wieder hundert Jahre später in Bilzingsleben am Nordrand des Thüringer Beckens. Ein Menschenschädel, welcher der Beschreibung nach auf einen (damals noch nicht bekannten) *Homo neanderthalensis* schließen lässt, wurde an einen durchreisenden Studenten verkauft und blieb seitdem verschollen; die übrigen noch vorhandenen Stücke lagern heute im Thüringer Museum für Ur- und Frühgeschichte in Weimar.

Goethe ließ sich in seiner Korrespondenz mit dem Fürsten von Reuß, auf dessen Territorium Gleina lag, die Ausgrabungen schildern. Sie weckten ebenso wie die altsteinzeitlichen Funde in der am Zechsteinriff der Burg Ranis auf den Vorstufen des Saale-Oberlandes gelegenen Ilsenhöhle sein

Interesse für paläontologische Aufschlüsse – aus naheliegenden Gründen, denn Weimar selbst grenzt gegen Südsüdost an eine geologische Schwelle, auf welcher sich der lösliche Muschelkalk zu Travertin verhärtet hat, einer auf frühere heiße Quellen zurückzuführenden Calcit- und Aragonitverbindung mit eingelagerten verkalkten Bakterienkolonien. Klaus Götze zählt die Travertinvorkommen zur Reihe der »sekundären« Karstphänomene.

Den aus der Parkhöhle unterhalb des Römischen Hauses im Weimarer Ilmpark bekannten und als Marmorersatz beliebten, struktur- und porenreichen Travertin begann man um 1825 in den noch heute aktiven Steinbrüchen bei Weimar-Ehringsdorf zu erschließen. Unterhalb des Schlossparks von Belvedere wurde dabei ein urzeitliches Jägerlager mit Mammut-, Elefanten- und Rentierknochen freigelegt. In dem leidenschaftlich zwischen sogenannten ›Vulkanisten‹ und ›Neptunisten‹ geführten, langsam zugunsten einer empirischen Erklärung abebbenden Streit um die Genese der Erdoberfläche schienen vor allem die Neptunisten von solchen Funden zu profitieren. Goethe, der aufgrund seiner Vorliebe für den Granit anfänglich den Vulkanisten zugeneigt gewesen war und im Cuvier'schen Erklärungsversuch mehrerer Sintfluten einen Rückgriff auf biblische Fantastik witterte, hätte anhand der Ehringsdorfer Entdeckungen seine Ansichten zur morphologischen Verwandtschaft der Wirbeltiere, die er im frühen Aufsatz über den Zwischenkieferknochen dargelegt hatte, bestätigt finden können. Indes fehlte ihm die breite empirische Basis und Vergleichbarkeit mit anderen Aufschlüssen, etwa den späteren Funden im Kalkbruch des niederrheinischen Neanderthal, um sie in den Kontext einer allgemeinen Abstammungslehre zu stellen, wie Darwin sie zwei Jahrzehnte nach Goethes Tod entwarf. Was sich dem Gesteins- und Mineraliensammler jedoch bestätigte, war die Tatsache, dass im Kalk unter günstigen Bedingungen die Spuren längst ausgestorbenen Lebens optimal überdauern.

Schwer auszudenken, wie Goethe auf die erst nach seinem Tod entdeckten Grotten von Cro Magnon, Lascaux oder Altamira reagiert hätte; eine bedingungslose Höhlenleidenschaft wie die Romantiker, deren Protagonisten wie Novalis' Ofterdingen oder Tiecks Tannhäuser vom Zauber des Unterirdischen angesteckt werden oder zugrunde gehen, war ihm keineswegs zu eigen. Sein Weimarer Ministeramt und das Interesse an Steinen, allen voran für sein ›Urgestein‹ Granit, hatten ihn in die Höhlen und Bergwerke des Thüringer Waldes und des Hochharzes geführt. Im Travertingeschiebe über der Ilm ließ er die künstliche Parkhöhle sowie weitere kleine Grotten nach antiken Vorbildern anlegen und vorhandene Hohlräume erweitern. Die Kalklandschaften Italiens, die er bereist hatte, verfügen über einen reichen Formenschatz von Höhlenkarst; entsprechend ist die im mediterranen Karst – der sowohl natürlich vorkommt als auch durch menschliche Aktivitäten wie die Abholzung der Peloponnes initiiert und vorangetrieben wurde – geborene Mythologie überreich an Höhlenbildern: Das wird etwa sichtbar am in der kretischen Höhle zur Welt gebrachten Zeus, an Orpheus' Abstieg zu Eurydike in Ovids *Metamorphosen* oder dem Höhlengleichnis Platons als tief im poetischen und philosophischen Gedächtnis des Kontinents verankerten Höhlenimaginationen. Sie sind alles andere als Fantasieerscheinungen, sondern haben zahllose empirische Vorbilder entlang der Kalklandschaften des gesamten Mittelmeerraums.

Dantes Abstieg in die Tiefe der Höllenkreise zitiert namentlich im XII. Gesang des »Inferno« einschlägige Phänomene des Karsts, wie sie etwa die im Canto genannten Dolomiten bei Trento, die später von Goethe durchreisten ›Kalkalpen‹, aufweisen. Bezeichnenderweise trifft der mit Vergil Wandelnde in der zwischen Ober- und Unterwelt, zwischen Himmel und Erde, Wasser und Gestein eigentümlich oszillierenden Trümmerlandschaft auf gleichermaßen zwischen die Ordnungen des Kreatürlichen gepflanzte Zwitterwesen, den aus Stierleib und Menschengestalt zusammengesetzten Minotaurus, der einst den kindlichen Zeus in seinem kretischen Labyrinth bewachte, und die Kentauren Nessus und Chiron, auf deren Pferdeleibern ein Menschenkopf sitzt. Sie verweisen in dieselbe Vorzeit, welche in der Vorstellung des Dichters die irritierenden *ruina* – Dantes eigener Begriff – dieser Landschaft zusammenwürfelte. An der Schwelle zur Unterwelt versiegt das Blut der Tyrannen wie ein im Karst verschwindender Bach. Die Analogie lässt sich mithilfe der Übertragung von Karl Streckfuß aus dem Jahr 1876 nachvollziehen, der in seinen Anmerkungen auf den »im 9. Jahrhundert geschehenen ›Bergsturz von S. Marco‹ [...] zwischen Roveredo und Ala, bei der Eisenbahnstation Mori« verweist, den Dante »gesehen haben« müsse, »wie er ja auch, nach alter Sage, länger in Tirol gewohnt haben soll«:

Rauhfelsig war der Steig am Strand hernieder, / Ob deß, was sonst dort war, der Schauer groß, / Und jedem Auge drum der Ort zuwider. // Dem Bergsturz gleich bei Trento – in den Schooß / Der Etsch ist seitwärts Trümmerschutt geschmissen, / Durch Unterführung oder Erdstoß – // Wo von dem Gipfel, dem er sich entrissen, / Der Fels so schräg ist, daß zum ebnen Land, / Die oben sind, den Steg nicht ganz vermissen: // So ist dieses Abgrunds Hang, und dort am Rand / War's, wo von Felsentrümmern überhangen, / Sich ausgestreckt die Schande Kreta's fand, // Einst von dem Scheinbild einer Kuh empfangen.

Wer sich mit Karst beschäftigt, kommt am Phänomen der unterirdischen Entwässerung – und damit zugleich der Höhlenbildung – nicht vorbei; es ist vermutlich *das* Grundmerkmal des Karsts. Wo das anfallende Wasser nicht am oberirdischen Entwässerungssystem der Bäche und Flüsse beteiligt ist und stattdessen (mit stetem Tropfen) das Gestein auswäscht, auslaugt und unterhöhlt, bildet sich Karst. Dies ist ein global in den verschiedensten Formen verbreitetes Phänomen.

Diejenigen Höhlen, welche ich nach dem in den Sandstein getriebenen Bunker im elterlichen Steinbruch als erste sah, waren die Tropfsteinhöhlen der Saalfelder Feengrotten. Die Stalagmiten und Stalaktiten, deren Wachsrichtung wir immer wieder verwechselten, flößten uns Schulkindern auf der Klassenfahrt vermutlich noch dasselbe Staunen ein, mit welchem die Romantiker um 1800 zu dieser Art von Orten zu strömen begannen, wenngleich die Saalfelder Hohlräume selber erst Anfang des 20. Jahrhunderts freigelegte Schächte einer verschütteten Alaunschiefergrube aus dem 16. Jahrhundert darstellen: Staunen darüber, dass es eine Welt unter unseren Füßen gab, die ohne unser Wissen und Dazutun im Zeitmaß von Wassertropfen arbeitete und die bizarrsten Formen erschuf, die ›wie verwunschen‹ im Schein von Fackeln und Lampen ein märchenhaftes Schattentheater aufzuführen begannen – Feengrotten, ein 19.-Jahrhundert-Wort.

Die im Anschluss an ihre Entdeckung zeitrafferartig touristisch erschlossenen Schauhöhlen gehörten bald zu den Attraktionen der klassischen Sommerfrische des 19. und frühen 20. Jahrhunderts, und was die

Blaue Grotte auf Capri nach ihrer Freilegung durch August Kopisch 1838 an Strömen aus der Ferne anzog, bewirkten aus größerer Nähe für die mit dem Bedürfnis nach Verzauberung Angereisten die Höhlen im adriatischen Karst – dem ›österreichischen Küstenland‹, wie er bis 1918 hieß – oder dem Karst der südwest- und mitteldeutschen Mittelgebirge, den bis Mitte des 20. Jahrhunderts noch kaum einer als Karst bezeichnete. Mag sein, mit dem unterirdischen Staunen zwischen den Tropfsteinen der Feengrotten reproduzierten wir Schulkinder nur die Erwartung, mit der diese Höhlen seit Generationen betreten worden waren, und das, was uns in Staunen versetzte, war nur mehr Zitat, das uns zuvor bereits aus Büchern, Fotografien und Filmen bekannt war – nichts also, auf das wir vor unserem Abstieg in die Unterwelt nicht vorbereitet gewesen wären. Heute wird in den Feengrotten beim Spotlight auf die Tropfsteinformationen Wagners *Tannhäuser*-Ouvertüre eingespielt.

Zugleich kannten wir alle noch eine ganz andere Art von Höhlen, über die man wie hinter vorgehaltener Hand sprach. Sie hatten mit Krieg und Schrecken und Vernichtung zu tun, und die meisten dieser Schreckenshöhlen liegen, wie ich heute weiß, in Karstgebieten verborgen. Vom Sandsteinrücken des Oberndorfer Heideberges aus sah man im Osten die cheopspyramidenartigen Abraumkegel des Ronneburger Uranbergbaus sich türmen, die sichtbaren Rückstände einer nicht geheuren Strahlung, die, einmal aus der Tiefe des Bergs gebrochen, nicht mehr zu beherrschen war. In der Glasvitrine des Wintergartens meiner Eltern hatte mein Vater geschliffene bunte Steine von jenen Ronneburger Pyramiden zwischen den Wein- und Schnapsgläsern liegen, weiß funkelnde Brocken Bergkristall, lila Amethyst, bräunlich grauen Topas, dunkelgrünen Porphyr, rot gesprenkelten Granit, schillerndes Katzengold, Beifang vom Schürfen unter Tage, den die Hauer auf ihren Hunten zwischen der schwarz strahlenden Uranblende mit nach oben befördert hatten. Mein Vater war eine Zeit lang als Elektromeister für die Stromversorgung jener Schächte zuständig gewesen. Jeden Morgen fuhr er auf einer grünen ›Schwalbe‹, jenem ostdeutschen Mopedtyp, der zwanzig Jahre nach dem Systemwechsel die gesamtdeutschen Boulevards eroberte, nach Kraftsdorf zum nächstgelegenen Bahnhof und nahm von dort die Bahn entlang der Sandsteinbrüche des Erlbachtals bis vor die Tore seines Geraer Büros. Wismut Gera, die Sowjetisch-Deutsche Aktiengesellschaft, bestückte gleichermaßen die Brennkammern von Tschernobyl wie die Sprengköpfe der SS-20-Langstreckenraketen mit ihrem radioaktiven Material. Und auf Umwegen gelangte es wieder zu uns zurück; Ende der 1980er-Jahre waren die SS-20-Raketen auf dem Standort der Roten Armee bei Tautenhain am Rand des Muna-Waldes stationiert.

In den Karsthöhlen von Mittelbau-Dora, gegen den Harz hin nordwestlich der Stadt Nordhausen vorgelagert, war man gegen Ende des Zweiten Weltkrieges der technischen Handhabung dieser Strahlung, die alle Steine bricht, für die ersehnte ›Wunderwaffe‹ gefährlich nahegekommen. Was die Gefangenen dort in den letzten beiden Kriegsjahren zusammensetzten, waren die vom später am Bau der ersten Atombombe beteiligten Wernher von Braun entwickelten Flugkörper der V2. Die Heimkehle bei Uftrungen, größte Gipskarsthöhle Deutschlands, die sich mit zwei Aufwölbungen, dem großen und dem kleinen Dom, unterirdisch zwischen Thüringen und Sachsen-Anhalt schiebt, war 1944/45 Schauplatz größter Peinigungen, denen Kriegsgefangene und KZ-Häftlinge ausgesetzt waren; die Hälfte aller zur Fertigstellung von Bauteilen für Junkers-Flugzeuge im Untergrund Internierten überlebte die Karst-Hölle nicht. Heute fährt man über einen künstlichen Stollen in die beiden Gipskuppeln von Uftrungen wie in einen Schaubergwerksschacht ein und kann begleitet von den Erklärungen eines Heimatkundlers zu Geologie und Geschichte des Ortes die Widerspiegelungen des durchsickernden und hinabtropfenden Wassers im Sammelbecken des Thyrasees in verschiedenen Grün-, Blau- und Grauschattierungen bewundern – ein Parcours von 600 Metern, auf dem man die zwei Kilometer weite Höhle durchquert.

Auf unheimliche Weise stoßen im Karst Erd- und Zeitgeschichte unmittelbar aufeinander, und es mag dieses Oszillieren zwischen Erhabenem und Entsetzlichem sein, das zur Signatur der Landschaft gehört. Die Gegenwart bewegt sich im Karst permanent über Schichten, die sowohl die ›kurze‹ Geschichte der Menschheit als auch die ›lange‹ Geschichte der Erde wie wasserlösliche Sedimente angespült haben. Vielleicht ist Karst nichts anderes als das Wasserzeichen, welches die Geschichte im Gestein hinterlassen hat.

Die Gegend des Südharzes ist ein geohistorischer Flickenteppich. Walkenried mit seinem 1670 erbauten Jagdschloss – heute ein ›Landhotel‹ – war nach der Säkularisierung der südlichste Vorposten der Herzöge von Braunschweig; Osterode und die umliegenden Dörfer wie Bad Lauterberg und Barbis gehörten mehrheitlich zum Königreich Hannover, während das westlich von Walkenried gelegene Bad Sachsa preußisch-thüringische Enklave war, die nach 1945 dem neu gegründeten Land Niedersachsen gegen den Tausch mit weiter östlich gelegenen braunschweigischen Enklaven zugeschlagen wurde. Es scheint, als zögen die Unebenheit, die Brüche und Fälle und Verwerfungen der porösen Landschaft politisches Durcheinander, unübersichtliche Zustände und widersprüchliche, zwielichtige Situationen und Geister an. Landkarten, die ständig revidiert werden müssen. Eine bodenlose Oberfläche, die nicht geheuer ist. Nicht nur Wasserläufe verschwinden im Karst, auch Diebesgut, Schmuggelware, Tierkadaver – und Menschenleichen, wenn es schlimm kommt. Ein Titel wie *Die Toten vom Karst* ist nicht nur ein populärer Triest-Krimi von Veit Heinichen, sondern lässt sich auch als Anspielung auf die unterirdischen Korrespondenzen von Karsttopografie und Kriminalität beziehen. Karstland ist Schwellenland; die bisherigen Begriffe von Gestein, Boden und Landschaft kommen ins Wanken; deshalb findet sich Karst meist nicht im Zentrum, sondern am Rand der politischen Geografie, wo die Ordnungen, Zonen, Schichten und Herrschaftsgebiete durchlässig werden, sich verschieben, zu schillern beginnen, oberirdisch noch dem einen, doch unterirdisch bereits dem anderen Gebiet angehören. Der Karst strahlt eine fragile, fragwürdige Schönheit aus.

Der Hauptstrang des Südharzer Karstwanderwegs führt an den Klosterteichen vorbei zum Himmelreichhügel, einer wundersam entrückten, von alten Buchen gesäumten lichten Kuppe zwischen Walkenried und Ellrich; hat man sie bestiegen, blickt man nach Nordwesten über das Karstvorland hinweg in den Hochharz und nach Südosten in den weiten, lieblich grünen, sanftwelligen Korridor der Goldenen Aue, die sich bis hinüber zum Mansfelder Land und ins Thüringer Becken zieht.

Es ist ein Tag im Spätsommer, als ich dort oben stehe und mir für den Moment nichts zu wünschen übrig bleibt; der Name der Erhebung sagt alles, die bläulich heitere Luft macht mir die fernen Wald- und Hügelwiesenreiche (die es allesamt noch eines Tages aus der Nähe zu erkunden gilt) zum spielenden Augenblickseigentum. Am großen, von der Karstquelle gespeisten Itelteich, an den sich die das Himmelreich stützenden gips- und anhydritweißen Itelklippen lehnen, zieht eine spielzeugkleine rote Triebwagenkolonne auf der Südharzstrecke Richtung Thüringen, bis sie im Tunnel der Himmelreichhöhle verschwunden ist. Diese unscheinbare Linie war nach dem Zweiten Weltkrieg der Hauptknotenpunkt im Bahnbetrieb zwischen den Besatzungszonen, und durch die beim Bahnbau 1868 freigelegte Himmelreichhöhle strömten Flüchtlinge aus der Sowjetzone illegal in die englische Zone hinüber.

Ich versuche mir den Dichter Jürgen Becker vorzustellen, wie er, der Schilderung in seinem Roman *Aus der Geschichte der Trennungen* zufolge, als Fünfzehnjähriger neben seinem Vater unter nächtlichem Beschuss der Wachposten diese Gegend am Südharz Richtung Westen gequert haben muss. Der Boden unter dem Himmelreich ist voller Gespenster, es bedarf nur einer Lautverschiebung, dass sich die geräumige H*ö*hle zum H*ö*llenspalt zusammenzieht. Was ich sehe, als ich schließlich vom Himmelreich ins Thüringische Ellrich hinabsteige, ist ein dunkler sumpfiger Erlenauwald, in dem Bunkertrümmer, Hinweisschilder und Barackenreste bis zur Bahnstation hinab an das Konzentrationslager erinnern. Sie machen Ellrich zu einem düsteren Ort. Der Übertritt vom Himmelreich zur Hölle ist ein unmerklicher Schritt über nacktes, bloß liegendes Gestein, dem zu Anhydrit aufgewölbten Gips, der losgetreten, unterspült, erschüttert einem den Boden unter den Füßen entzieht.

Zurück auf der in die Goldene Aue blickenden Klippenscheide zwischen dem Himmelreich und Ellrich wende ich mich südlich Richtung ehemaliger Grenze zum sogenannten ›Kolonnenweg‹. Ein Habicht schriekt aus dem Waldsaum heraus über die Äcker hin. Ein in den Wipfeln krächzender Kolkrabe. Hecken aus Schlehen, Hagebutten, Kratzbeerengebüsche. Östlich eine Schafweide. Sanfte Hügelsilhouetten im Süden. Wo ist der Norden? Das Gehen im Karst hat meinen inneren Kompass verwirrt, erst ein Blick in den Faltplan gibt mir Gewissheit. Der Kolonnenweg führt ostwärts über ein streuobstbestandenes offenes Hangplateau. Trocken- und Magerrasen, monochrom grüne Maisäcker in der Talsenke. Ein Feldhase hoppelt auf mich zu, bis er meiner gewahr wird, kehrtmacht und über den Panzerplattenweg schießt, um wieder in der abschüssigen Pflaumenbaumchaussee eines Hohlwegs zu verschwinden.

Der Hohlweg führt, eine harte, rissige, lehmrote Kruste, hinab ins Dörfchen Branderode, das vormals verborgen im ›Osten‹ lag. Die Luftzirkel eines Rotmilanpaars: Einer gleitet über die Felder, bis er sich dem anderen, in einem Obstbaumwipfel Wartenden genähert hat, woraufhin sich dieser erhebt und sie gemeinsam über den Hügel davonschweben. Pferde an der Furt des Sachsengrabens bei Branderode, Wildschweinsuhlen im Hohlweg vor dem Dorfeingang. Am Ufer der Wieda giftig dicke Sumpfdolden. Schlammige Fußsteige, dichtes Unterholz auf den Pfaden, die in südlicher Richtung auf die Markierung der unteren Verzweigung des Karstwanderweges zuführen. Wellige, über Gipsgeröll und Dornendickicht führende Trift. Der zerklüftete, überwucherte Sturz einer als ›Hunnengrube‹ beschilderten Doline. An das abschüssige Dickicht schließt sich eine schroffsteile Hangwiese an, auf der Rinder weiden. Später die Hügelwarte eines Kiefernhügels. Ich denke bei den das späte Nachmittagsblau wie ein Phantom kreuzenden Vogelschatten an den seltenen, als Nachtschwalbe apostrophierten Ziegenmelker, sehe Sperber und Bussard. Die Trift senkt sich zwischen alten Obstbäumen entlang ins Tal von Obersachswerfen hinab. Auf einem der dürren Zweige die schwarz-weiß wippende Silhouette eines kleinen Vogels im Gegenlicht, vielleicht ein Halsbandschnäpper. Und noch ein Vogel: die griechische Theaterlarve einer Grauammer, auf einem Schlehenast.

Der gebuckelte Karstweg rührt an andere, bereits verloren geglaubte Räume und Zeiten, legt auf seinem kargen Boden die Fährte zu einer sonst kaum mehr zu erlebenden Vielfalt an Arten und Biotopen frei. Als öffneten sich während des Gehens Seiten aus dem Bilderbuch der Traum- und Märchenzeit landschaftlicher Reichhaltigkeit. Und zugleich verlaufen permanent Spuren des Grauens durch dieses irdische Paradies. Der aufgelassene Steinbruch bei Woffleben etwa, jetzt Naturschutzenklave mit Felsnischen für Höhlenbrüter, Eulen, Uhu, Kauz, gehörte ebenso zu jenen Lagern, in denen gegen Kriegsende Tausende Zwangsarbeiter für den Wahnwitz der Wunderwaffe ihr Leben ließen. Vor dem Einmarsch der amerikanischen Truppen im April 1945 wurden die unterirdischen Schächte und Bunker mit Zement verfüllt oder geflutet, die Baracken zertrümmert und angezündet, die noch Lebenden zusammengetrieben. Fünfundsiebzig Jahre trennen mein Gehen auf der Kruste des Karstwegs vom Todesmarsch der Gefangenen, ein erdgeschichtlicher Lidschlag.

Um die Zeit der Äquinoktien machte ich das erste Mal in Osterode halt. Ein Sonntagmorgen mit leerem Marktplatz, die vergoldeten Zeiger der Kirchturmuhr stehen noch im Schatten, die Symbole von Sonne und Mond blicken einander an. Fachwerkgiebel und -erker, dazwischen asbestbeschindelte Siebzigerjahrefassaden, das Reisebüro feiert im Schaufenster Angebote nach Kreta, Andalusien, Prag. Das Antiquariat daneben mit Wänden voller Krimis und Reiseführer ausgestattet. Ein alter Mann schleppt sich an seiner Gehhilfe über den Platz, ein junger Mann in Trainingsanzug mit schwarzer Lockenmähne überholt ihn. Das italienische Eiscafé von Signore Zotta möchte den Süden des Reisebüros ins Harzvorland verpflanzen. Ich verlasse die Stadt in Richtung Karstweg, das Hügelvorland im Blick. Am ›Feldherrnhügel‹ berührt der Stichpfad den Karstwanderweg. Erdfälle, Dolinen, Rodungsspuren. Photovoltaikfeld und Windräder. Kleine Vogelschwärme. Magerrasen wechseln sich mit Buchenwäldern ab. Bärlauchwiesen oberhalb des noch bewirtschafteten Gipssteinbruchs, in dem Anhydrit, auch ›Stinkdolomit‹ genannt, abgebaut wird.

Die den Steinbruch verlassende Straße führt geradewegs ins ›Stadtdorf‹ Ührde: Ein Kater aalt sich im Gras, Gasthaus, Kirche, Hofladen stehen offen, landwirtschaftliches Gerät an Hauswänden, wilde Kirschbäume, ich wende mich nordöstlich auf dem Karstweg Richtung Förste, durchquere die ›Mooslöcher‹, Naturschutzgebiet im Osteroder Stadtwald; wo die Böschung sich lichtet, erblicke ich im Nordosten den Harz, ein bläulich welliges Panorama. Als ich den dolinenabschüssigen Talgrund erreiche, sehe ich ein Albinoreh inmitten eines Damwildrudels stehen, umzäuntes Wildgatter, im Pferch daneben suhlt sich eine Wildschweinfamilie, ich folge dem Anstieg dahinter in lichten Buchenforst. Er gehört zum Kegel des vom Gipskarst zerklüfteten Lichtensteinhügels, auf dem im Mittelalter das sagenhafte Raubritternest der Burg Lichtenstein gethront haben soll, hinter der rötlich grauen Narbe der in den Berg gefrästen Steinbruchgrube, im Unterholz am

Rand des Steinbruchs stoße ich auf eine rostige Sense, die mit der verholzten Astgabel eines Holunderstrauchs verwachsen ist.

Der Weg über den bewaldeten Gips wirkt zunehmend bodenlos, von Dolinenlöchern wie mit Bombentrichtern punktiert, Blattlaub, Bärlauch, Schlamm, weißes und grünlich graues Steingeröll weit und leichthin wie Kreidestaub verstreut, am Südhang der laubüberwachsene Eingang der Lichtensteinhöhle mit einer Stahltür im Fels versiegelt. Aus dem Wald tretend führt mich das Wiesengras über das Flüsschen Salza bis Förste und berührt dabei die historische Handelsroute Hamburg–Nürnberg. Förste scheint in der Sonntagsstille aus Veranden, Vorgärten, weißen Fassaden zusammengesetzt. Vom Dorfkern abzweigende Wege: ›Mittlerer Winkel‹, ›Am Bruch‹, ›Teichgasse‹. Ich verlasse Förste nach Osten am Wegkreuz einer Kapelle und lande aufwärtssteigend wieder im Gips. Rapssaatgrüne Ackerflächen, Wiesenhang mit drei Pferden auf einer stillen Koppel, im Pferch daneben eine Herde schwarz-weiß gefleckter Schafe um einen Eichenstamm, weiter oben zieht sich eine Streuobstallee über den Felderkamm und lässt das Auge wieder nordwärts zum Harzrand schweifen.

Bei den Gipsorgeln im aufgelassenen renaturierten Osteröder Steinbruch soll der nur noch als Bodendenkmal nachweisbare Pippinsburgwall verlaufen. Ich schlage über den Kalkberg mit dem laut rotierenden Windradflügel, vorbei an braunen Rindern und ihren Kälbern, einen Bogen zur Landstraße und in die Stadt hinab, am Waldrand hinter einer Einzäunung starren mir zähe braune Kamerunschafe nach. Ich nehme den über den Buchenhang führenden Wurzelpfad bis zum Galgenberg, auf dem die Schutzhütte eines ›Georgspavillon‹ über Stadt und Harzberge zu blicken erlaubt. Als ich den Bahnhof erreiche, steht ein beinah vollendeter Vollmond im tiefen Blau über dem Tal, Orion und die Plejaden treten im Westen hervor. Im Restaurant am Bahnhofsplatz warte ich auf den nächsten Zug. Ich weiß, dass ich diese Ferne, die sich erst beim Gehen zeigt, wiedersehen, dass ich in diesen Karst zurückkehren muss.

Goethe, der karstartige Grotten in der Weimarer Parklandschaft hatte anlegen lassen und Karsthöhlen am Südharz, in Böhmen und Italien in Augenschein genommen hatte, war das Phänomen des sich vom Wasser lösenden

Gesteins und der unterirdischen Entwässerung selbstverständlich bekannt; den erst Ende des 19. Jahrhunderts in Umlauf gekommenen, vom adriatischen Karst als Landschaftsnamen abgeleiteten Begriff kannte er so noch nicht. Gleichwohl hatte er als Erdkundler keine besonders hohe Meinung vom verkarstungsfähigen Gestein, all den dolinen- und höhlenbildenden Dolomit-, Gips-, Muschelkalk- und dazwischenliegenden Sandsteinschichten, denen er allenthalben auf seinen geomorphologischen Exkursionen begegnete. Den Kalkstein, weil er eben ›am Wege‹ lag, als landschaftsprägendes Element nicht zu übersehen, nahm Goethe (miss-)billigend in Kauf, registrierte mit der ihm eigenen empirischen Akribie dessen oft atemberaubende Formenvielfalt, aber Kalk war nie das eigentliche Ziel seiner Passion für das Gestein, die in der Tat (zeitlich) tiefer hinab und (räumlich) höher hinaus wollte, um – wie in der Botanik die Urpflanze – das, was er für den ›Ur-Stein‹, den ältesten, elementaren Fels hielt, dingfest zu machen: den Granit. Gegenüber diesem war der Kalk für ihn ein schlichtes Kulturgestein.

Die Südtiroler und Trentiner Kalkalpen mit ihren zerklüfteten Karstsilhouetten waren für Goethe nur eine Station auf dem Weg zum vulkanischen Basalt – der ihn erdgeschichtlich wiederum auf den Granit verweist –, dessen Entstehung er bei seinen Aufstiegen zum Vesuv und Ätna zu ergründen suchte. Der beim Eintritt nach Italien registrierte Kalk mit seinen bizarren Formen wird nicht so sehr seiner selbst wegen so akribisch in der sich damals gerade herausbildenden geologischen Begrifflichkeit verzeichnet, sondern vor allem deshalb, weil das verkarstete Gestein den Erdkundler auf den darunterliegenden Granit verweist. Immerhin entgeht Goethe der naheliegenden Versuchung, im Karst bloß das Symbolische, einen dantesken – oder faustischen – Schlund zur Hölle zu erblicken, aber die Landschaft bleibt Sekundärphänomen für seine mineralogische Neugier:

> *Die Kalkalpen (...) haben eine graue Farbe, und schöne, sonderbare, unregelmäßige Formen, ob sich gleich der Fels in Lager und Bänke teilt. Aber weil auch geschwungene Lager vorkommen und der Fels überhaupt ungleich verwittert, so sehen die Wände und Gipfel seltsam aus. (...) Weiter hinauf zeigt sich eine besondere Art Gneis, oder vielmehr eine Granitart, die sich dem Gneis zubildet (...).*

> *Hier oben (...) ist der Fels Glimmerschiefer. Die Wasser (...) bringen nur diesen Stein und grauen Kalk mit. Nicht fern muß der Granitstock sein, an den sich alles anlehnt.*

Steht der Granit für Goethe als Prototyp des Steins – Festigkeit, Beständigkeit, Masse, Monumentalität, Härte, Alter –, für das Tellurische schlechthin, nah am erdgeschichtlichen, gar kosmischen Ursprung, so markiert der bodennahe Kalk eine »Gesteinsart« von »schwachem Charakter«, wie er angesichts der 1784 betrachteten »Gypswände bei Osterode« schreibt – weich, wasserdurchlässig, porös, amorph und polymorph zugleich, seine Form permanent bis zur Formlosigkeit verändernd, schwer ›feststellbar‹, ein Ärgernis für den nach geologischer Ordnung und Erkenntnis Strebenden.

Der Kalk war für Goethe noch zu nah am Menschen, sowohl evolutionshistorisch als auch in Bezug auf seine humane Nutzungsgeschichte und die Spuren, die Menschen auf oder in ihm hinterlassen hatten. Kalkstein war nicht das, was er unter echtem Stein verstand, gerade noch zählte er ihn hinzu und er mag nicht unrecht haben, wenn wir Karst mit der Idealvorstellung ›Stein‹ konfrontieren. Karst ist weit von der Idee des Unzerstörbaren, Felsenfesten entfernt, ja mit seiner Porosität stellt er die Idee des Steinigen geradezu auf den Kopf. Karst ist das Gestein, das einem den Boden unter den Füßen entzieht, ein merkwürdiger Zwitter zwischen Stein und Wasser, dessen feste Formen unter dem Zustrom des Wassers laufend wieder zerfallen, sodass sich die Geologie mit der Hydrologie, der Botanik, Zoologie und Anthropologie um die Zuständigkeit für diese Erscheinung streitet.

Die in Gera erscheinende *Ostthüringer Zeitung* rechnete ihren Lesern im Januar 2010 vor, dass sie dreimal so ›steinreich‹ seien wie der durchschnittliche Rest der Bundesbürger, gemessen an der Fläche von Steinbrüchen, die sich auf ihrem Territorium befänden. Dolomit, Anhydrit, Gips, Kalk, Kies, die Sandsteinbrüche der Vergangenheit. Ein zweifelhafter Reichtum, nicht allein wenn man die Schrunden in der Landschaft betrachtet, die ein Steinbruch hinterlässt, mag er später auch als Sekundärbiotop eine wertvolle ökologische Nische bieten. So oder so, ein Land voller Steinbrüche preist zunächst keiner seiner Schönheit oder Artenvielfalt wegen, sondern sieht es als Rohstoffreservoir an. Ambivalent in Bezug auf seine Trittsicherheit bleibt der Karst allemal, und es müssen schon besondere äußere und innere Umstände eintreten, um gerade eine solche Landschaft als schön oder den Aufenthalt auf diesem Boden, der sich jeden Moment unter einem senken kann, als angenehm zu empfinden. Und: Es gibt im Karst keinen Weg, außer man geht ihn. Die Wege im Karst sind nur zu Fuß zurückzulegen.

»Home is where one starts from«, heißt es bei T.S. Eliot. Hinter dem Haus meiner Eltern und Großeltern im Thüringer Holzland befindet sich der Steinbruch, in welchem die Vorfahren meiner Großmutter über Generationen Blöcke von Sandstein aus dem unter der dürren Grasnarbe zutage tretenden Fels gehauen hatten. In der Umgegend finden sich alte Bauernhäuser, Scheunen und Ställe auf Sandsteinfundamenten. Seiner schnellen Verwitterung wegen kommt Sandstein heute kaum mehr beim Neubau von Häusern zum Einsatz, höchstens an historischen Gebäuden mag man ihn aus Gründen des Denkmalschutzes zur Ausbesserung verwenden. Doch selbst dann kommt das Material dafür nicht mehr aus der Nähe, sondern aus Russland oder Indien, wo es zu weit geringeren Kosten gebrochen wird. Dasselbe gilt auch für die Pflastersteine hiesiger Gehwege und die Grabstelen heimischer Friedhöfe.

Der ein paar Häuser weiter dorfabwärts lebende Grabsteinmetz besaß wie wir einen Steinbruch hinter dem Haus, den seit Generationen seine Vorfahren bewirtschaftet hatten; die aus rotem Sandstein gehauene, mit Hammer und Meißel bewehrte Zwergenfigur über der unter der Bahnböschung sich wölbenden Toreinfahrt symbolisiert noch immer sein Handwerk, auch wenn er sich mittlerweile zur Ruhe gesetzt hat und es keinen Nachfolger für ihn gibt. Das Familiengrab der Steinmetzen auf dem Oberndorfer Friedhof ziert das Relief eines mit denselben Gerätschaften hantierenden Pharaos. Unterhalb des Steinmetzanwesens tritt das Bett des bis dahin unterkellerten Erlbachs ans Tageslicht. Das Wasser staut sich hart an der Felswand in einem kleinen Wehr, an dem ein Mann, den ich nie anders als mit verwaschener Sackleinenschürze durchs Dorf Richtung Kneipe habe humpeln sehen, eine Schar weißer Enten hielt, die Erpel mit riesigen roten Höckern, wilden fleischigen Wucherungen, auf der Nase. Jedermann nannte ihn, offenbar weil er durch die Gesellenprüfung im Schuhmacherhandwerk gefallen war, den ›Kohnschuster‹. Hinter seiner Entenzucht lagen Schuppen und Bretterhalle eines Holzbetriebs, der Leitern, Latten, Leisten, Böcke, Schober, Pfähle, Stangen zuschnitt und hobelte; Bretter und Stämme, den Waldeinschlag noch atmend, stapelten sich, Haufen von Holzspänen und Sägemehl türmten sich bis an den Rand der Vorsprünge, auf denen das Gleisbett der Bahn verläuft.

Unmittelbar rötliche Sandsteinfarben kannte ich nicht aus unserem Steinbruch, aber sie sind innerhalb des Thüringer Holzlands durchaus verbreitet, im Zeitzgrund sieht man sie von der Bahn aus westlich des Bedarfshalts Papiermühle zwischen den Kiefern leuchten, und auf der Landstraße nach Jena säumen sie die Einfahrt zum Städtchen Stadtroda. Mein Großvater, auf die verwitterten grau gestuften, an manchen Stellen ins Gelbliche spielenden Felsen unseres Steinbruchs deutend, sprach, dem Steinmetz aus der Nachbarschaft folgend, vom ›Oberen Buntsandstein‹.

Gut sichtbar an den aufgelassenen Steinbrüchen und nackten Verwitterungen im Auf und Ab der waldreichen, von Weideflächen und wenigen Äckern unterbrochenen, seit 1936 von den Schneisen der A4 und A9 am Hermsdorfer Kreuz zerschnittenen Landschaft zieht sich dieser zutage tretende Sandsteingürtel etwa von Thalbürgel im Westnordwesten des Hochplateaus mit dem weithin sichtbaren mattgelbem Sandsteinportal der spätromanischen Klosterkirche nach Ostsüdost bis Töppeln vor den Toren Geras hinab. Die 1876 eingeweihte Bahnlinie Weimar–Gera wirkt an manchen Stellen direkt in die Sandsteinwände hineingefräst, wie hinter dem Haus meiner Eltern, wo sie den über dem Dorf gelegenen Heideberghügel hart in zwei Hälften schneidet.

Mit 340,10 Metern markiert der Schnitt durch den Heideberg meines Kindheitsdorfs den höchsten Punkt im Verlauf der sogenannten ›Holzlandbahn‹. Ich erinnere mich, wie ich mit zehn oder zwölf unter den geteerten Bohlen der die durchbrochenen Sandsteinwände verbindenden Brücke, die über die Wiesen und Felder zum hinter dem Dorf liegenden Wald führte, mit meinem Freund auf der angeböschten Erde zwischen dem Schienenstrang und der Brückenauflage neben dem Pfeiler hocke, selber schon jenseits des Dorfes, hinter uns zur Linken in der feuchten Niederung jemandes schmaler Pachtgarten, zur Rechten die Kiefern über den Sandsteinklippen und die

Streuobstwiesen des Heidebergs. Niemand sah, niemand vermutete uns in diesem Versteck. Wir konnten den vorbeifahrenden Zügen zusehen oder jemanden, der aus dem Dorf in die Felder ging, aus den Feldern ins Dorf zurückkehrte, die unter seinen Tritten schwingenden Bretter überqueren hören. Auf der gegenüberliegenden Schienenseite, hinter der Schnittkante des Sandsteinbuckels, lag die Wildnis des Steinbruchs. Einmal war nächtlich aus einer der umliegenden LPGs eine Rinderherde entwichen und die Bahn hatte die auf den Gleisen stehenden Tiere erfasst. Der Abschnittsbevollmächtigte hatte den Berg und den Zugang zur Brücke sperren lassen, bis das Gleisbett von den Kadavern beräumt war. Als ich mich am Nachmittag auf den Berg stahl und die Schienen zwischen dem Fels überblickte, sah ich noch den Stummel eines Horns und ein haariges schwarzledernes Hautbüschel im Schotter liegen.

Die Felskuppen über der auf dem Erlbachtalhang aufgeschütteten Schienentrasse bergen unerwartete Geheimnisse, von denen man erst etwas mitbekommt, wenn man häufiger in diesen Triften, Wiesen- und Unterholzpfaden umhergegangen ist. Auf den ersten Blick handelt es sich um eine verlassene Zone mit langsam absterbenden Obstbäumen, deren wildes Astwerk vor Jahrzehnten die letzte Pflege erfuhr, auf dem verbuschten Sockel zwischen Steilhang und Ackerflur, mit einem nach Teerpappe und Moder riechenden Schuppen über der zur Bahn hin abfallenden behauenen Bruchkante, aus der Ahorn, Buchen, Eichen, Hartriegel hervorwuchern.

Die in den Hang gefräste Halde des verlassenen Steinbruchs reicht bis an die Schienen hinab. Stapel penibel aufeinandergeschichteter Bruchsteine, ein an die Felskante führender Zufahrtsweg, Bretter, Pflöcke und Planken im Schutt verstreut, als sei die Arbeit nur kurzfristig eingestellt worden und könne jeden Moment von Geisterhand wieder aufgenommen werden. Eine trogartig gekachelte Abflussrinne führt zum Gleisschotter hinab; sie soll bei Regen für die Entwässerung der Hochfläche sorgen, in der Geschichte der Bahnlinie standen die Schienen bei starkem Niederschlag wiederholt unter Wasser.

Der Graben befindet sich an der Stelle, wo in meiner Kindheit noch der Aufgang einer steilen, Hang und Gleise überwindenden Brücke stand, die sich wendeltreppenartig tief ins Tal von Kraftsdorf hinabschraubte. Sie muss, als ich im Kindergartenalter war, bis auf diesen Rest gesprengt und beim zweigleisigen Ausbau der Strecke Ende der Neunzigerjahre endgültig beseitigt worden sein. Meine Mutter erzählt, sie habe als Kind diesen seltsamen Hang- und Gleisüberbau ›Hexenbrücke‹ genannt, wohl weil er steil wie ein Hochgebirgssteig wirkte, als Bauwerk die alpinen Verhältnisse widerspiegelnd, die auf der Streckenführung der Holzlandbahn vorherrschen, ohne dass die Gleise je das eigentliche Gebirge berühren: eine Folge der Steinbrüche und tief eingekerbten Muschelkalk- und Sandsteintäler, die es, nicht nur am Erlbach, sondern etwa auch von Weimar kommend im abschüssigen Jenaer Mühltal oder den Rotsandsteinwänden des Zeitzgrunds hinter Stadtroda zu überwinden gilt.

Die wetterschiefe Isolatorenspindelreihe, anstelle von Zaunpfählen über dem von Norden zur Bahn mündenden Einschnitt des Seitentals in den Boden gerammt, Ausschussware oder Überfluss der die DDR mit riesigen Elektroisolatoren versorgenden Keramischen Werke Hermsdorf, seit den 1990er-Jahren von der Treuhand liquidierte Geschichte, braune Röhren aus schwerem, inwendig hohlem Porzellanguss, dient nunmehr als Sitzkrücke für Milan, Kolkrabe, Bussard oder Falke, von Krähenschwärmen überflogen, die unterhalb ins Tal abfallende Wiese mit Eichbäumen angeböscht. Die Grenze zwischen Feldrand und Wiesenhang, zwischen Oberndorfer und Kraftsdorfer Gemarkung anzeigend, sind die schief im Boden steckenden Isolatoren Teil der Landschaft neben der Bahn geworden.

Spät erst entdeckte ich den alten Eisenbahntunnel im Niemandsland zwischen beiden Dörfern, der wie eine Grotte hinter Hecken und dem dichten Unterholzbewuchs eines Hohlwegs in der Niederung zu Füßen der Isolatorenreihe verborgen ist. Die in regenreichen Jahren ein dem Erlbach zufließendes Rinnsal beherbergende Schlucht ist ausgetrocknet, die andere Seite des Tals, eine steil gegen den Bahndamm gelehnte Hangflanke, mit alten knorrigen Apfelbäumen bestanden, unter denen sich verschiedene Pfade kreuzen, niedergedrücktes Gras, in dem mehr Tiere als Menschen gegangen sind, der in der Talkerbe verlaufende Hohlweg strebt dem Tunnel zu – einem mächtigen, aus der Zeit der Erbauung der Bahn stammenden Hohlraum aus intensiv bearbeitetem Sandstein mit sorgfältig herausgehauenen Fugen und abgeschliffenen Wänden. Sie umschließen eine angenehme gewölbeartige Kühle und Dunkelheit, tatsächlich finde ich Stiegen aufgelesener Äpfel darin gestapelt, ein vergessener Tunnel, der für Eingeweihte in den oberen Ortskern Kraftsdorfs münden mag, für mich jedoch wie im Märchen von Dornröschen hinter hohen spitzen Hecken, Wiesen und Wald versteckt bleibt.

Während Thalbürgel im Nordwesten der Landschaft zur nahen Saale hin entwässert, reichen die Steinbrüche im Südosten bei Töppeln bis an die Weiße Elster bei Bad Köstritz heran; die Westgrenze Oberndorfs bildet zugleich die Wasserscheide zwischen Saale und Weißer Elster. Hinter Stadtroda wechselt der Untergrund: anstelle des Sandsteins treten verkarstender Muschelkalk (die Jenaer Kernberge, der Weimarer Travertin) und Dolomit (die Zementwerke bei Dornburg, Camburg, Caaschwitz, Crossen) zutage; jenseits der Weißen Elster nach Osten und Nordosten zieht sich eine Lössebene über das Altenburger Land bis vor die Tore Leipzigs, während im Süden wiederum bis ins Saale-Oberland Kalk und Gips und im Südosten zum Vogtland hin nach Sachsen Porphyr, Basalt und Granit dominieren. Der eigentliche Karst tritt an den sogenannten ›geologischen Störungen‹ zwischen den Gesteinsschichten punktuell zutage. Die aus einer verkarsteten Oberfläche hervorbrechenden tektonischen Brüche sind auf dem zweidimensionalen maßstabsverkleinerten Plan kaum angemessen wiederzugeben; oft sind sie gar nicht darauf verzeichnet, vergessen inmitten der sie umgebenden Bodenformen. So machen die unendlich verzweigten, tief eingekerbten, mit – noch – von Buchen dominiertem Mischwald begrünten Neben- und Seitentäler am Westufer der Weißen Elster zwischen Gera und Bad Köstritz auf mich den Eindruck von unkartiertem Gebiet.

Der Sandstein, in dem ich aufwuchs, ist selber kein Karst, grenzt aber daran und trägt dank seiner Verwitterungsfähigkeit in vielerlei Hinsicht dessen Physiognomie; geologisch tritt Sandstein häufig *mit* oder *neben* verkarstendem Kalk auf, schiebt sich zwischen, über oder unter diesen, was wiederum karstartige Aufbrüche, Hohlräume, Mulden, Fälle und Vertiefungen hervorbringt. Die Karl-May-Verfilmungen mit Lex Barker und Pierre Brice flimmerten in den Achtzigern regelmäßig um die Weihnachtstage über die TV-Kanäle Ost und West, und die Geschichte vom Schatz im Silbersee, die der Sachse vor der Kulisse des Elbsandsteingebirges niedergeschrieben hat, vom Produzenten Artur Brauner in den Bilderbuchkarst der Plitvicer Seen verlegt, spielte sich noch einmal in meinem Steinbruch ab. So ging es mir mit allen Abenteuergeschichten, die ich dies- und jenseits Karl Mays in der Folge sah und las. Die Nachmittage nach Schulschluss verbrachte ich nicht mit den Mitschülern in der Kleinstadt, sondern oft für mich allein auf dem Dorf, wo mir der hauseigene Steinbruch offenstand.

Die Steilwände bilden einen tiefen Kessel, in dem ich mein Territorium absteckte, mir meine Pfade durch das Labyrinth des Unterholzes mit seinen Hartriegel-, Holunder- und Dornbüschen bahnend. Es gab keine natürlichen Höhlen, in die ich mich hätte verkriechen können – es sei denn, man nähme den von außen durch Haus und Hangwiese abgeschotteten Kessel des Steinbruchs selber für eine große Höhle –, aber der Urgroßvater hatte im Krieg einen Luftschutzbunker in den Sandstein hineingetrieben, der meine persönliche Höhle war. Ich liebte es, bis ans Ende des keine zehn Meter tiefen, gegen die Decke mit nur einem Holzpfahl abgestützten Stollens zu gehen und mit den Fingern in der Dunkelheit die Bruchkante entlangzufahren und zwischen den Fugen der Steine den mürben bleigrauen Mergel herauszukratzen und ihn zwischen den Fingern zerbröseln zu sehen.

Am Rand des Stollens, wo der Meißel fächerartige Einbuchtungen geschaffen hatte, stieß ich bisweilen auf Scherben zerbrochenen Porzellans, dickes, trübe schlammverkrustetes, von Engerlingen und Asseln wimmelndes Bierflaschenglas und Verschlussbügel mit porzellanweißem Kopf, kantige Metallteile und Splitter, die von Patronenhülsen oder Granaten stammten, sogar eine verrostete Feldflasche und der zerfressene Rest eines Stahlhelms kamen irgendwann zum Vorschein. An seinem Ende gabelte sich der Stollen und schien in einen zweiten, blind abbrechenden Schacht zu münden, der meine Fantasie beflügelte. Bildete er möglicherweise den Anfang eines verwickelten Tunnelsystems, das tief hinab ins Erdinnere einen Schacht zu unnennbaren Geheimnissen trieb, die sich mir enthüllten, würde ich mich nur weiter in die Enge und Finsternis hineinwagen?

Der Sandstein bildet ein lockeres, von der darunterliegenden Tektonik und dem Eintrag der Witterung von oben ständig bewegtes Gefüge, und während der Schneeschmelze im Frühjahr lösen sich regelmäßig kleinere und größere Brocken aus der Steilwand und stürzen in den Kessel hinab. Der unberechenbare Organismus des Steinbruchs, vor dem mich die Erwachsenen warnten, machte mir gleichwohl keine Angst. Beim Herumklettern schmiegte ich mich an die weichen, wind- und wettergeschliffenen Formen, die Nasen und Schründe, Töpfe und Wannen, fühlte die mal glatte, mal verwitternd raue, von stroh- bis eisengelben Strähnen durchzogene Oberfläche, fuhr über die Rillen, die wie Meereswellen – das versteinerte Meer des tropischen Tertiär – den Stein strukturieren, fasste in ausgespülte Vertiefungen und Spalten, in denen Erdreich, herabgestürzte Äste sich sammelten. Manchmal lagen Vogelnester darin, manchmal zeichneten sich Spuren von Tatzen ab, Spalten, von denen nicht abzusehen war, wie tief sie ins Dunkel hinabreichen, Gänge von Mardern, Füchsen, nachtaktiven Wesen, Hohlräume, Ritzen für Fledermäuse – manchmal sahen wir sie, im Hochsommer mit einbrechender Nacht auf die über dem Kessel schwärmenden Schwalben folgend, im Zickzack durch die Dämmerung flattern, hörten das irre Kreischen der Marder. Und einmal in der dämmrigen Frühsommerfrühe sah ich vom Dachboden des Hauses über den blassgelben Schimmer der Felsbänke, sich von Vorsprung zu Vorsprung tastend, in einer Höhe, bis zu der ich es nie gewagt hätte hinaufzuklettern, einen Fuchs umherschleichen.

Der Steinbruch hatte seine Geschichte und barg Geheimnisse, der Bunker mit seinem Innenleben war nur die sichtbare Ruine einer Zeit, über die nicht viel, meist nur in Andeutungen oder den ewig gleichen, auf Geburtstagsfeiern wiederholten Anekdoten gesprochen wurde, obwohl sie permanent in der Luft oder vielmehr zum Greifen nah zwischen den Ritzen verschüttet lag. Der Urgroßvater und die Großmutter mit dem vierjährigen Kleinkind – dessen Vater, mein Großvater, an der Front war – und die Nachbarschaft versteckten sich gegen Ende des Krieges, als die Kampfhandlungen und die Luftangriffe auch im und über dem bis dato verschonten Thüringer Holzland zunahmen, nach dem Heulen der Sirenen in diesem Bunker. Vom darüber liegenden Heideberg aus wollten sie im Februar 1945 das brennende Dresden am Horizont gesehen haben. Daneben diente der Bunker auch ganz zivilen, friedlichen Zwecken und wurde mit seinem über das Jahr wenig schwankenden schattig kühlen Mikroklima verschiedentlich als Kartoffelspeicher, Rübenmiete und Kellergewölbe genutzt.

Beim Stochern im über einem Steinblock angehäuften Erdreich stieß ich einmal auf einen von Rost zerfressenen Revolver. Merkwürdiger Moment, als mir etwas, was ich bisher nur aus Filmen kannte, plötzlich in den Händen lag. Je mehr ich an dem zunächst gestaltlosen Klumpen herumklopfte, umso mehr schälte sich seine Form heraus, die Trommel, der Kolben, der Lauf. So sah kein Spielzeug, sondern eine wirkliche Waffe aus, mit der man jemanden hätte erschießen können. Ich ließ meine Entdeckung auf der Fensterbank liegen, meine Mutter verwahrte sich dagegen, dass ich das unheimliche Ding ins Haus schleppte. Am Morgen war es verschwunden. Ich verdächtigte den Spielfreund, der dabei gewesen war, als ich die Waffe ausgegraben hatte. Der wollte nichts davon wissen. Oder hatte sie mein Großvater über Nacht beseitigt? Er schwieg dazu. Er erklärte lediglich, der Urgroßvater habe den Revolver nach der Rückkehr aus dem Ersten Weltkrieg weggeworfen und nach dem Zweiten Weltkrieg außerdem Gewehre, in ölgetränkte Lumpen eingeschlagen, in einer Spalte versenkt. Danach träumte ich davon, beim Klettern und Herumstromern in den Hohlwegen des Unterholzes die versteckten Waffen in der Spalte plötzlich wie einen verborgenen Schatz vor mir auftauchen zu sehen. Sie blieben Chimäre.

Der Krieg war für mich die Fliegerpatronenhülse aus Messing, im Durchmesser daumendick und lang wie eine Blockflöte, die ich einmal unter dem Eingang des Bunkers ausgegraben und mit Schmirgelpapier blankgerieben hatte, bis sie glänzte. Am Zünder waren Fabrikat und Seriennummer eingestanzt: Borsig Magdeburg. Mein Großvater blieb dabei, nichts über den Verbleib des beim Spielen ausgegrabenen und am nächsten Morgen wieder verschwundenen Revolvers zu wissen. In der Hoffnung, noch mehr dieser magischen, vom Hauch der Gefahr umwitterten Gegenstände an der Schwelle zum Verbotenen aufzutun, blieb mir nichts, als weiter zwischen den Ritzen herumzustöbern. Noch Jahre später verdächtigte ich den Spielkameraden, ihn nachts von der Fensterbank gestohlen zu haben. Der Revolver war Trophäe für einen Nachmittag, die seitdem in meine Spekulationen und Träume eingetaucht ist. Hat es ihn wirklich gegeben oder bilde ich ihn mir nachträglich nur ein? Es war, als wären meine Wildwestfantasien für einen Moment real geworden, während mir zugleich dämmerte, dass ich auf den Trümmern eines Krieges spielte, der aus Erzählungen, Büchern, Filmen weiter durch die Vorstellung geisterte.

Anders als während der Ferien an der Kreideküste Rügens, anders auch als später in den Lagen des Jenaer Muschelkalks, stieß ich im Sandstein nicht auf die Art von Fossilien, wie sie dasselbe Erdzeitalter, dem sich der Sandstein verdankt, hervorgebracht hat. War einmal ein Felsblock in die Tiefe gekracht und ließ zerborsten in die Lagen und Schichten blicken, aus denen er sich zusammensetzte, kamen höchstens Spuren, Einkerbungen von Algen oder Flechten quer über die Quarzkristalle sich schlängelnd und wie sporadische Wüstenflüsse wieder versiegend zum Vorschein. Die Wetterseiten der Steine sind von einem trockenen moosgrünen Flaum überzogen. Jährlich im März kehren die Stare zurück, um ihre angestammten Löcher im Fels zu besiedeln. Und ich erinnere mich, wie nach einem kräftigen Landregen die Feuersalamander aus den Spalten kamen, in zeitlupenartiger Verzögerung wie aus der Tiefe einer den Echsen vorbehaltenen Urzeit ans Licht kriechend und ihre ölfarbengelben Punkte auf der runzligen schwarzen Lederhaut entblößend. Ich vermisse die Feuersalamander, die ich hier seit Kindheitstagen nicht wieder zu Gesicht bekam.

Dennoch: der Steinbruch lebt. Aus der nach dem Betrieb übrig gebliebenen Geröll- und Abraumhalde entwickelte sich ein Biotop – Ahorn, Eberesche, Hartriegel, Haselnuss, Holunder, Weißdorn, bodennahes Geschling und Gestrüpp haben sich angesiedelt und den Abhang des Kessels mit einem dichten Geflecht aus Ranken und Ästen überzogen, aus dem bisweilen eine Eiche oder eine Buche, die es ans Licht schafften, herausragen. Aus seiner Mitte drängt sich ein kräftiger Kiefernstamm, dessen Wipfel nur von oben, der den Talkessel umgebenden Hügelkuppe des Heideberges sichtbar ist. Der Steinbruch, der Hügel, die den Sandstein durchstoßenden Bahngleise zwischen Hermsdorf und Kraftsdorf sind Falkenrevier geworden. Ihr Keckern in der Krone zu hören, ihr Gleiten und Kreisen und Schießen und Rütteln über dem Wiesenhang vermitteln mir ein Gefühl von Heimat. Es hat mit dem Sandstein zu tun. Die Grasnarbe über dem Gestein ist dünn, selten spatentief – darunter türmt sich der nackte Fels; an manchen Stellen tritt er, von Wind und Regen abgeschliffen, eine poröse Haut, entblößt zutage. Der von der Bahnlinie durchschnittene Heideberg ist das Massiv, welches mir eine panoramatische Umsicht gestattet. Über das Tal verstreut die Ansammlung des Dorfs, Kirchturm, Straßenkurven, die Schloss- und Schulberggasse, nördlich die Trasse der West-Ost-Autobahn A4, die Wälder der Gemarkung Bad Klosterlausnitz, der Muna-Wald mit seinen von Blindgängern und Sprengungen gezeichneten Trichtern, wo in meiner Kindheit noch die Barackenüberreste des Konzentrationslagers aus sumpfigem Dickicht ragten. Weiter östlich bis zum Waldrand ein Ackerstreifen, nach der LPG-Kollektivierung aus den Handtuchfeldern der Bauern hervorgegangen, auf dem die Agrargenossenschaft Unkrautvernichter und Gülle versprüht, um die Erträge ihres standardisierten Saatguts zu halten. Im östlichen Horizont neben der Autobahn die Erhebung des Tümmelsberges, mit 361 Metern die höchste Kuppe der Umgegend, den Heideberg um fünf Meter überragend: Mein erster Olymp, von Eichen und Kiefern bestanden, eine die Winde an sich ziehende Freiluftkuppel – Hesiod und Plinius beschrieben die auf Anhöhen ragenden Bäume als erste natürliche Tempel und Wohnsitze der Götter.

In südöstlicher Richtung frisst sich die Schneise der Eisenbahn durch den Sandstein entlang der Höhen des bei Kraftsdorf schluchtartig tief und eng wie ein Canyon gewundenen Erlbachtals, bis sie bei Gera das Elstertal erreicht. Die schattige, von Fischteichen umgebene Wiesensenke im Süden des Dorfs, welche die Bewohner ›das Engetal‹ nennen, hatte ich immer, wenn meine Mutter davon sprach, für das ›Engeltal‹ gehalten. Dahinter das Nachbardorf Reichenbach, sanft die Mulde ausfüllend und weiter oben gegen den Wald vom roten Backstein der dortigen Porzellanfabrik umgeben, wo bei guter Sicht zugleich die Häuser des hinter dem übernächsten Hügel gelegenen Dorfs St. Gangloff und die Trasse der anderen, nach Süden führenden Autobahn A9 zu erahnen sind.

Die erste bezeugte Spur, die Menschen hier einmal hinterließen, ist die aus Sandsteinblöcken geschichtete Decke eines neolithischen Grabhügels, der sich, keinen Kilometer vom Sandsteinmassiv des den Steinbruch überragenden Heidebergs, hundertfünfzig Meter neben der Autobahn zwischen Farn- und Brombeergestrüpp, sichtbar nur für das darin eingeweihte Auge, über dem Waldboden wölbt. Nicht einmal meinem Großvater, der als Ortschronist vergeblich nach der urkundlichen Ersterwähnung unseres Dorfes in den Archiven von Altenburg, Gera, Gotha, Greiz und Weimar gesucht hatte, waren die Steinzeitspuren bekannt. Erst ein Wink im *Archäologischen Wanderführer Ostthüringen* hatte mich darauf gebracht. Im Abstand von zwanzig Metern entdeckte ich die beiden kreisrunden, kaum mehr halbmeterhohen Erhebungen, nicht mehr als sechs Meter im Durchmesser. Man übersieht sie im brombeerüberrankten Humus des Waldes, wenn man nichts von ihnen weiß. Kratzt man an der obersten Schicht, tritt eine zum Panzer verdichtete Steindecke zutage, welche die Grabkammern überwölbt. Sandsteine sind wie die Poren der menschlichen Haut: Sie absorbieren die Sonne, nehmen eine wärmere Tönung an.

Einige Jahre bevor die A4 am Hermsdorfer Kreuz als eines von Hitlers Prestigeobjekten mit der damals weltgrößten Betonbogenbrücke am Teufelstal bei Stadtroda erbaut wurde und erst Marschkolonnen, später der Interzonen- und Transitverkehr über das Asphaltband rollten, hatte der Geraer Freizeitarchäologe Bruno Brause die Hügelgräber in der peniblen Sütterlinschrift eines pensionierten Oberlehrers beschrieben; ein Wunder, dass sie vom Trassenbau verschont blieben. So schneiden sich die Spuren der jüngsten und ältesten Geschichte, ohne sich doch zu berühren. Die Reisenden der vom Verkehrsfunk vertrauten Strecke ahnen nicht, dass genau diese Gegend ein historisches Palimpsest ohnegleichen ist. In sechs Kilometern Luftlinie, mitten im Wald auf der virtuellen Grenze zwischen den Landkreisen Greiz und Saale-Holzland, liegen die Reste der in einem der sächsischen Bruderkriege im 15. Jahrhundert zerstörten Wüstungen Sieversdorf und Goldborn; was fortbestand, ebnete der Dreißigjährige Krieg ein. Die Glocke der Wüstung Sieversdorf ließ 1840 der Pfarrer des nahen Rüdersdorf ausgraben und in seiner Kirche läuten, bis deren Bronzeguss 1917 für Granaten an der Westfront eingeschmolzen wurde. Durch eine im nahen Tautenhain vergessene französische Kanone kam ein Ausflugslokal zu seinem Namen; wie sie erinnert noch eine ›Napoleonskiefer‹ an den Durchmarsch von 1806 im heutigen ›Muna‹-Wald.

Als ich Kind war, zeigte mir mein Großvater die Reste der inzwischen beräumten Baracken, in denen Gefangene einer der zahllosen Außenstellen des Konzentrationslagers Buchenwald eingepfercht gewesen waren. Es war die einzige Zeit, in der Oberndorf über einen eigenen Bahnanschluss verfügte. Die in den Bunkern des Waldgebietes lagernde Munition wurde die ersten Jahre nach Kriegsende unkontrolliert gesprengt, Detonationen waren noch im zwanzig Kilometer fernen Gera zu hören, Blindgänger landeten in den Feldern. In der DDR blieb der größte Teil des Waldes einfach Sperrgebiet mit Panzerübungsplatz im einen und sowjetischen Langstreckensprengköpfen im geheimen anderen Teil.

Der zwanzig Kilometer westlich dieser Sandsteinplatte den Boden überziehende Muschelkalk geht auf dasselbe Erdzeitalter zurück. Nur ist er nicht aus dem Dünensand, sondern aus dem mineralreichen, von organischem Leben wimmelnden Schlamm und Schlick des Tropenmeers hervorgegangen. Im Nachhinein kommt es mir vor, als wären die Jenaer Muschelkalkhänge gleichberechtigter Teil meines Studiums an der Saalestadt gewesen. So wie ich als Kind im heimischen Sandstein geklettert war, stieg ich nun an vorlesungsfreien Nachmittagen und Wochenenden im über der Saale ansteigenden Muschelkalk umher. Während der zehn Jahre, die ich in Jena verbrachte, fügte sich das dortige Gestein meinem Lebenslauf hinzu.

Am deutlichsten tritt es in den Kernbergen an der Ostseite des Jenaer Kessels zutage. Die Pfade schrauben sich auf verschiedenen Ebenen um die Steilwand herum, die nach Süden zu am ruinenartig verkarsteten Höhlenabsturz der Diebeskrippe im Pennickental vorbei zur Fürstenquelle und nach Nordosten auf eine Hochebene führen, die sich bis hinüber ins Dorf Ziegenhain und zum Fuchsturm dehnt. Schicht um Schicht, Lage um Lage bröckeln die Fossilien, die Weichtierschalen, Ammoniten, Trilobiten aus dem Kalk, wölben sich die Muschelhöcker wie Pocken auf dem weichen grauen Oberflächenschliff. Die Pfade sind übersät davon, auch der Muschelkalk erodiert mit Wind und Wetter und den Bewegungen der Peristaltik des Gesteins, die unsichtbar bleibt, wenn sie nicht gerade als Erdbeben auftritt. Erst an den Veränderungen, die sich sowohl allmählich als auch ruckweise an der Oberfläche abspielen, ist sie zu erkennen. Etwas bricht ein, kleine Mulden bilden sich am Hang, in denen wie in der südfranzösischen Provence Ginster, Wacholder und Rosmarin als Macchia den Boden besiedeln.

Diese Wacholderbüsche und schließlich die niedrigen Zirbelkiefern sind das Merkmal der obersten Abschnitte der Kernbergflanke, bevor sie sich zur

Hochebene erweitert, wo die nach dem Jenaer Paläontologen und Zeichner Ernst Haeckel benannte Haeckelbank nach Westen Richtung Landgrafenhügel und Windknollen und nach Süden ins Saaletal bis zur Leuchtenburg panoramatischen Fernblick bietet. Das Muschelkalkgeröll mahlt unter dem Schritt. Auf dem unter Naturschutz stehenden Plateau finden sich Trockenrasen, Dornensträucher, Distelarten, im Sommer nisten selten gewordene Ammern und Neuntöter dort. Mittendrin das nicht zu sprengende Fundament der Flakstellungen aus dem Krieg. Werden die frei stehenden Areale nicht gemäht oder von Schafen kurz gehalten, verbuschen sie. Ein Schäfer soll das mit seiner Herde verhindern. An Landwirtschaft ist sonst nicht zu denken, unter der dürren Grasnarbe beginnt sogleich der Kalk – eine karge, aber aufschlussreiche Gegend.

Jede Epoche hat ihre Vorlieben und Affinitäten. Goethes Vorbehalt gegenüber dem Kalkstein als dem aufgeweichten, ›verwilderten‹ Gestein (»Über grundlose Wege / auf öden Gefilden«, heißt es in der »Harzreise im Winter«) lässt sich für unsere Zeit durchaus umkehren: Es mag sein, dass wir am Kalk gerade die Nähe zum Humanen mögen. Möglich, dass die das 20. und 21. Jahrhundert unterschwellig durchziehende Neigung zum Karst in der geoökologischen Forschung wie in der schönen Literatur damit zusammenhängt, dass wir uns in diesem Gestein sozusagen nackt bis auf die Knochen widergespiegelt sehen – oder einfach nur wiederfinden mit unserer, wie es bei Nietzsche heißt, »Nichtfeststellbarkeit«, unserer polymorphen Formensprache, die hart an den Formverlust grenzt, unserer Durchlässigkeit für das geschichtliche Sediment und Sentiment, der unerträglichen Vorläufigkeit unseres Erscheinens. Und mehr und mehr wohl auch mit dem Wissen um das eigene Verschwinden und der maßlosen Angst davor.

W. H. Audens Elegie »In Praise of Limestone«, im Mai 1948 in Italien entstanden, bringt dieses Verwandtschaftsgefühl bemerkenswert treffsicher auf den Punkt. Es ist kein unmittelbar eingängiges Gedicht mit seinen Spekulationen zum Zusammenhang von Gestein und Charakter (»›Come!‹ cried the granite wastes, / ›How evasive is your humour, how accidental / Your kindest kiss, how permanent is death.‹ … ›Come!‹ purred the clays and gravels. / ›On our plains there is room for armies to drill; rivers / Wait to be tamed and slaves to construct you a tomb ...«), aber hinsichtlich der ›menschlichen‹ Dimensionen des Karsts trifft es ins Schwarze.

Auden hatte die Landschaften des Apennin vor Augen, als er es schrieb, im Hinterkopf jedoch die Pennines im Norden Englands, neben dem irischen Burren eines der größten zusammenhängenden Karstgebiete der Britischen Inseln und lieb gewonnenes Ausflugsziel der Wandertage seiner Kindheit und Jugend. Sein Kalksteinpreis beginnt wie in einem Kreislauf mit dem Karst, um am Ende – nach kühnen Abschweifungen durch Zeiten und Räume und den Tumult im Inneren des Dichters – wieder dorthin zurückzukehren. Diametral entgegengesetzt zu dem, was Goethe im Gestein suchte, preist Auden am Kalk gerade dessen Nähe zur menschlichen Natur: »If it form the one landscape that we, the inconstant ones, / Are consistently homesick for, this is chiefly / Because it dissolves in water.« In Herta Straubs deutscher Fassung (»Ein Lob dem Kalkstein«) liest sich der wie durch eine Kamera gesehene Fortgang der Elegie wie folgt:

> *Sieh diese offenen Hänge / Voller Thymianduft im Geröll, und darunter / Ein geheimes System von Höhlen und Gängen, höre die Quellen, / Die überall hervorschießen mit Plätschern, / Jede einen eigenen Teich füllend für Fische und auswaschend / Ihren eigenen kleinen Hohlweg, dessen Klippen erfreuen / Den Schmetterling und die Echse. Untersuche diese Region / Geringer Abstände und scharf umgrenzter Stationen.*

Die diese Landschaft bestimmende Relation von unstetem Stein versus stetem Wasserabtrag – widergespiegelt auch im pulsierenden Wechsel zwischen Hexameter und Pentameter von Audens Distichen – durchzieht als eine Art Movens das gesamte Gedicht. Zugleich ist sie geologisch konkret: Im Kontakt mit Wasser ist Kalkstein in stetem Wandel begriffen – ein unstetes Gestein.

Woher jedoch die Sehnsucht nach dieser Landschaft? Auden führt sie auf die Verschmelzung mit dem Wasser zurück, das Ineinander von festem und flüssigem Element: Es gibt und nimmt den Steinen (und den ihnen verbundenen Menschen) seine Form; die Zeilen »Es nehmet aber / und gibt Gedächtnis die See« aus Hölderlins »Andenken« wirken in diesem Licht wie eine antizipierende Vorstellung, die Auden auf den Kalkstein überträgt. Das Dasein im und mit dem flüssigen Element spendet immerhin den Trost, so er einer ist, dass Vorläufigkeit und Unbestimmbarkeit permanente Lebensbegleiter sind und dass Wasser den unmittelbaren Anschluss an den atomaren Kreislauf garantiert. Unter diesen Voraussetzungen ist Audens »Lob des Kalksteins« ein Bekenntnis zur Sterblichkeit, zur Dissoziation, der notwendigen Auflösung des Daseins, aber auch seiner Rückbindung an einen universellen organischen – oder besser: geoökologischen Auflösungs- und Rekreationsprozess. Das »Defizit« des Lebens, seine latente Degeneration, so könnte man Audens Credo zum Karst verstehen, verblasst auf dem porösen Untergrund, der dieselbe Farbe und Substanz wie unsere Knochen besitzt. Karst als Schwelle zwischen Wasser und Stein kann auf diese Weise zugleich als Schwelle zwischen Leben und Tod erfahren werden; es verbirgt im untergründigen Rauschen (»the murmur«) das Künftige und Kommende, das noch keinen Namen und kein Gesicht besitzt: »but when I try to imagine a faultless love / Or the life to come, what I hear is the murmur / Of underground streams, what I see is a limestone landscape«, schließt sein Gedicht.

In Abbas Kiarostamis Film *Der Wind wird uns tragen* aus dem Jahr 1999 wirft der Protagonist den menschlichen Knochen, den er auf dem Friedhof in der kurdischen Karst-Hochebene auflas, am Ende in die Strudel eines vorbeifließenden Bachs. Kalk und Knochen werden mit dem Wasser einem organischen Zyklus zugeführt, in dem sich alles Lebendige permanent verwandelt. Offen bleibt jedoch, *wie* das eigentlich geschieht und ob es sich dabei tatsächlich um einen geschlossenen Kreislauf handelt oder nicht doch etwas dabei verloren geht oder unwillkürlich verschwindet, ähnlich dem Phänomen der Entropie im Zweiten Hauptsatz der Thermodynamik. Vielleicht bietet der Karst mit seinen bisweilen unterirdisch verschwindenden (nicht mehr lokalisierbaren) Wasser- und Höhlensystemen, die den Stein nicht nur zer-lösen, sondern unmittelbar auf-lösen – ohne dass klar ist, wo und wie der gelöste Stein wieder-kehrt –, eine Entsprechung zur vermuteten Entropie der Thermodynamik. Wärmeverlust hier, Wasserverlust dort. Karst als Entropie des Gesteins.

Das Fehlen des festen Grundes hat neben der kargen, kaum Erträge abwerfenden Landschaft den Karst lange an den Rand der empirischen Aufmerksamkeit gedrängt. Goethes geringe Wertschätzung bei aller wachen Aufmerksamkeit für das Phänomen folgt nur dem Ethos einer Zeit, die ihre Erkenntnisse auf festem Boden sichern will. Der Karst blieb die schwer zu definierende, mit Vorsicht zu betretende Schwelle zur Unwirtlichkeit des wüsten Landes, eine Terra incognita, wo im schlimmsten Falle noch die ›Löwen‹ hausen, und zu den Schrecken einer Unterwelt, deren sich Mythologie und poetische Fantasie bedienen: eine Zone, in der das Heilige und das Verfluchte nah beieinanderwohnen. Kein Ort, auf dem man sich gern niederlässt, will man festen Boden unter den Füßen gewinnen. Und wer es doch tut, trägt das Stigma einer unsicheren Existenz.

In Adalbert Stifters Erzählung *Kalkstein* aus dem Jahr 1853 ist das zumindest zu Beginn die Ansicht des Berichterstatters, eines Geologen und Landvermessers, der jedoch im Kontakt mit der Hauptfigur Schönheit und Eigenwert der unwirtlichen Gegend zu sehen lernt. Im Kontext der neueren Literatur bedeutet *Kalkstein* eine Zäsur. Im Namen der interesselosen geologischen Empirie – und eines beschädigten Lebens – wird der Karst aufgewertet; Stifter nennt ihn wie die Formen ausgetrockneter Gletschertäler noch ›Kar‹. Und die der interesselosen Naturkunde nachfolgende Technik (Eisenbahnen, Steinbrüche) wird die bereits als makelhaft verrufene Landschaft weiter beschädigen.

Wir erfahren nicht viel über den auf der Pfarre am Vorposten des Abgrunds gestrandeten Geistlichen, der sich den Menschen und ihrer Gegend verschrieben hat und mit seinem Testament über den Tod hinaus zu deren Wohltäter wird. Eine unglückliche Liebe, möglicherweise, hat ihn auf die vermeintliche Einöde verwiesen (»Ich meinte damals, daß ich mir die Seele aus dem Körper weinen müsse«). Die Nähe und Anschauung der Landschaft gewähren jedoch, was ihm menschliche Nähe versagt: Innigkeit. Das intensive Studium des Karsts lässt ihn einen neuen Blick gewinnen, in dem sich Empirie und Empathie für die Besonderheit des Kalksteins verschränken: »Sie sagen, die Gegend sei häßlich, aber auch das ist nicht wahr, man muß sie nur gehörig anschauen.« Damit rehabilitiert Stifter den Karst und die Beschreibungen des Erzählers übersetzen das Credo der Hauptfigur in eine erste, noch vage literarische Phänomenologie des Karsts. So lässt sich in den hervorgehobenen »Vertiefungen« beispielsweise die charakteristische

Oberfläche aus Rillen, Rissen und Auswaschungen des Kalks oder Dolomits erkennen, die sogenannten ›Karren‹:

> *Es ergriff mich (...) eine tiefe Wehmut, als ich von der Gegend schied, welche mir, da ich sie zum ersten Male betreten hatte, abscheulich erschienen war. Wie ich immer mehr und mehr in die bewohnteren Teile hinauskam, mußte ich mich in meinem Wagen umkehren und nach den Steinen zurückschauen, deren Lichter so sanft und matt schimmerten, und in deren Vertiefungen die schönen blauen Schatten waren, wo ich so lange verweilt hatte.*

Nach Hans Jürgen von der Wense, obwohl ohne eigentliches Werk einer der manischsten Landschaftsbeschwörer in der Prosa des 20. Jahrhunderts, verkörpert das Göttinger Land bereits die Schwelle zu Süddeutschland. Die Nachbarorte mit Namen wie Förste, Dorste, Hörden, Schwiegerhausen, Katlenburg sind umgeben vom selben malerischen Auf und Ab lichter Kuppen, zu dem ich mehrfach, in jeweils verschiedenen Jahreszeiten und jeweils verschiedene Wege in verschiedene Seitentäler und -hügel einschlagend, zurückgekehrt bin. Ich habe dort beim Gehen das vielfach von Peter Handke aus dem Karst beschriebene Gefühl kennengelernt, als würde die räumliche und zeitliche Kompassnadel verrücktspielen, als sei im Karst die herkömmliche Orientierung außer Kraft gesetzt, als wäre ich zwischen den Trichtern und Dolinen zum Umherirren und Auf-der-Stelle-Treten gezwungen. Die Bruchstellen der Bodenschichten, durch die ich steige, bewirken eine seltsame Hilf- und Orientierungslosigkeit, die zugleich jedoch eine größere Freiheit im Augenblick und Aufmerksamkeit für den Ort mit sich bringen, an welchem ich gerade stehe.

Schöne Pisten und Weideflächen mit ständig wechselnden Horizonten, die einen immer wieder an ein aufgeschlagenes Märchenbuch erinnern, so sehr außerhalb von Raum und Zeit, dass die einzige Sorge darin besteht, plötzlich nicht mehr zu wissen, wie ich zum Ausgang, zur nächsten Bahnstation zurückfinde – und wie ich diese Gegend in der ›Wirklichkeit‹ außerhalb der eigenen Erinnerung und Verklärung je wiederfinde. Und wenn ich meinte, schon einmal am selben Ort gewesen zu sein, wirkte dieser jeweils wie ein anderer, den ich so noch nicht gesehen hatte, auf mich. Zugleich blieb ich, von außen kommend, ein Sonntagsspaziergänger, immer auch der Fremde, der sich auf dem gut beschilderten, doch tatsächlich wenig beschrittenen Karstwanderweg hierher verirrt hatte und bald wieder verschwunden sein würde. Das Hochgefühl konnte schlicht daher rühren, dass ich hier nicht zu Hause, sondern stets als Durchreisender, im Transit unterwegs war.

Und trägt das Umgebensein mit Gesteinstrümmern, mit Erdfällen, Aufbrüchen und Einstürzen, die wie Spiegelscherben aus der Erd- und Evolutionsgeschichte zu mir aufblinken, nicht zu dieser karsttypischen Desorientierung bei, dem Eindruck, dass einem vor lauter übereinandergetürmter Schichten und Schwellen unterschiedlichster Stein- und Seinsschichten schier die Sinne schwinden – und zugleich übergehen?

Das Hainholz hinter der Hügelkuppe von Düna im Süden Osterodes vereint die meisten der im Gipskarst anzutreffenden Erscheinungen auf engstem Raum. Der akribisch beschilderte Parcours lässt sich in einer Stunde absolvieren und bietet eine geradezu schulbuchmäßige Einführung in die Phänomenologie des Karst: »Lehrpfade führen zu Erdfällen, Schlotten, Höhlen und Karstquellen«, heißt es in der Broschüre des Karstwanderwegs. Er ist aber nicht nur in geologischer Hinsicht aufschlussreich. Zwischen den ausgelaugten Anhydritkuppeln, den Gipsklumpen und Dolomitsäulen, in den sporadischen Wasserlöchern und Bachschwinden, den Spalten, Löchern, Höhleneingängen und den eingebrochenen Bodenpartien geht es sowohl in botanischer als auch in zoologischer Hinsicht spannend zu.

Unter den Bedingungen des Karsts hat sich eine Flora und Fauna entwickelt, die in dieser Vielfalt und Zusammensetzung anderswo nicht anzutreffen ist. Das betrifft die Form des Waldes mit den dominierenden Hainbuchen, deren Wurzeln in den durch Auslaugung geschaffenen Hohlräumen des Gipsuntergrundes siedeln und mit den Stoffen, die sie ausscheiden, beispielsweise organischen und anorganischen Säuren, und den Nährstoffen, die sie sich aus dem Erdreich zuführen, selber aktiv am Auslaugen des Gesteins und dem Entstehen neuer Hohlräume und damit der Veränderung der Oberfläche beteiligt sind. Auch die den Boden, Bäume und Gestein überziehenden Moose und Flechten sind an die vorherrschenden Verhältnisse angepasst, ebenso die nur dort gedeihende, auf isolierte Standorte beschränkte, Schatten liebende Hirschzunge oder bestimmte Orchideenarten.

Wegen seines Höhlenreichtums ist der Karst zugleich ein Schutz- und Rückzugsgebiet seltener Fledermausarten, während er oberirdisch mit schafbeweideten Trockenrasen und vom Holzeinschlag ausgenommenen Laubmischwäldern verschiedensten Vogelarten und kleineren Reptilien Unterschlupf gewährt – auf der offenen Fläche etwa dem rar gewordenen Raubwürger oder der Mönchsgrasmücke, im Wald dem Schwarzstorch, Kolkraben, Sperber, Habicht oder Schwarzspecht und am Boden der Smaragd- oder Zauneidechse, dem Feuersalamander und der Knoblauchkröte. Die vor Verwesung schützenden Hohlräume des Karsts bilden zugleich Zeitkapseln in die Vorgeschichte; die Knochen seit dem Pleistozän ausgestorbener Wirbeltiere finden sich darin ebenso konserviert wie mögliche Spuren der Anwesenheit menschlicher Vorfahren.

Das großartigste und älteste Relikt menschlicher Kunst, vom Kalk nahezu vollständig bewahrt, ist die 1994 im Karst der südfranzösischen Ardèche von Höhlenforschern und Geologen zufällig freigelegte Chauvet-Höhle mit vierzigtausend Jahre alten Wandzeichnungen längst ausgestorbener Höhlenbären, Wollnashörner, Wildpferde und Löwen. Werner Herzog spricht in seiner eindringlichen Dokumentation *Die Höhle der vergessenen Träume* anlässlich der atemberaubenden Löwen- und Wildpferdpanneaus mit ihren sich spektral auffächernden, wie im Zeitraffer aneinandergereihten Tierprofilen von einer Art Urkino und einer kühnen Perspektivik, die Picassos Kubismus vorwegnehme. Die Dolinen öffnen, ob in der Ardèche oder am Südharz, Fenster zur Paläozoologie und sind doch, schon weil sie unter Naturschutz stehen, aber auch ungenutzte, wirtschaftlich nicht auszubeutende Areale darstellen, zugleich quicklebendiger Lebensraum einer hochdiversen Tier- und Pflanzenwelt, die anderswo so nicht oder nicht mehr existiert – ökologische Archen.

Dem als ›Heidedichter‹ berüchtigten Hermann Löns lässt sich ein gewisses Gespür für solche weder von der Industrie noch vom Tourismus verwertbaren, doch von allen Seiten bedrohten Refugien archaischer Vitalität nicht absprechen. Mitunter scheint es, seine zur Schau gestellte Jagdleidenschaft sei lediglich ein Vorwand gewesen, um sich Räumen zu widmen, die nach gängiger Vorstellung keinen Schuss Pulver wert waren. In der Aufwertung des vermeintlich Öden ist Löns nahe an Stifters Emphase für die angeblich unspektakulären Landschaften. Das zeigt sich in seinen Skizzen vom Südharz, den er vor allem zwischen 1908 und 1912 von Barbis aus besuchte, wo die Eltern seiner zweiten Frau lebten. Ohne den damals auf Istrien beschränkten Namen des Karsts zu verwenden, hat er einen Blick für die karstige Eigentümlichkeit der Landschaft:

> *Unstet und ruhelos ist das Land am Unterharz. Das macht der Gips, der unter dem Rotliegenden steht. Die Tagewasser sickern in ihn hinein, lösen ihn auf, höhlen ihn aus; eines Tages gibt die Rasenhängebank nach, der Acker sackt ein, der Wald rutscht hinab und ein trichterförmiger Erdfall, groß oder klein, bildet sich. (...) Da soll vor hundert Jahren einem Bauern das ganze Gespann versackt sein.*

Dies ist der Beginn der Erzählung *Der Beberteich*, die von einer Karstquelle inmitten einer von Holzeinschlag und Landwirtschaft beschädigten Natur handelt, deren menschgemachte Verwahrlosung Löns beklagt – ein Sinnbild für die ökonomische Zivilisation, die sich an der in seinen Augen heilen Natur vergeht, was auch immer er darunter versteht, möglicherweise etwas Ähnliches wie die Wildnis des Nordamerikaners Thoreau. Liest man Löns' Epiphanie vom Zauber des Beberteichs genau, stellt man fest, dass die an der Karstquelle zelebrierte Natur »nichts als lauter Vergangenheit« (Novalis) ist – auch wenn sie im Tempus der Gegenwart aufgerufen wird. Seitdem »seine Wächter«, die das Wasser säumenden Buchen und Weiden, »tot«, nämlich gefällt worden sind, sei »der Teich nicht mehr das, was er vor einigen Jahren war«:

> *Er ist nichts mehr, ist ein Wasserloch, wie viele andere, eine langweilige Schaftränke. (...) Aber ich sehe ihn, wie er war. (...) Im Rasen der Trift leuchten dann die hellen Sterne der Maßliebchen, die ausgelassenen Grauartschen tanzen zwitschernd hin und her, von der goldgelben Wolfsmilch zieht schwerer Honigduft und lockt die kleinen blauen Schmetterlinge heran, süß singt die Goldammer an dem knospenden Feldrosenbusch, die flinke Bachstelze und*

der schnelle Steinschmätzer schnappen nach Eintagsfliegen, Schwalben schießen dahin, die Krähen tränken sich, die Dorngrasmücke schwatzt, Drosseln und Stare fliegen hin und her. Manchmal kreischt ein Wasserhuhn lustig auf, ein dicker Frosch quakt behäbig, in den Kronen der Buchen flötet der goldne Pfingstvogel sein goldnes Lied.

Der eskapistische Impuls solcher Vergegenwärtigungen, die sich trotz der botanisch und ornithologisch stimmigen Aufzählung unter Kitschverdacht an den »Zauber« von »einst« klammern, ist unverkennbar. Heute, hundertzehn Jahre nach Löns, ist man froh, beim Wandern überhaupt noch an einer Schaftränke vorbeizukommen. Die weidenden Schafe, die heute vielerorts fehlen und durch maschinelle Mahd nicht einfach zu ersetzen sind, sorgen für den Verbiss in einer offenen Graslandschaft und erhalten so deren Diversität. Sie sind, wenn man so will, die Kulturträger des Karsts.

Von Ührde am Südrand des Gispbruchs kommend war ich jedenfalls froh, auf dem Rückweg nach Osterode die an einer Böschung weidenden Schafe anzutreffen. In Förste teilt sich der Weg und ich hätte weiter bis Bad Grund und zur Iberger Tropfsteinhöhle gehen können. Auf der Landstraße ein basaltenes Sühnekreuz aus dem Dreißigjährigen Krieg; jemand war von jemand anderem aus Gier, Bosheit, Neid erschlagen worden. Dreihundert Meter neben der von Archäologen lokalisierten, ins Jahr 800 zurückreichenden Pipinsburg drehen sich die hundertfünfzig Meter hohen Rotoren einer Windturbine, und schließlich stehe ich an der Bruchkante der Gipsklippen von Osterode. Ich schaue auf ein Palimpsest aus Naturschutzgebieten, ökologischer Stromgewinnung, historischen Spuren und aufgebaggertem Vorzeitboden.

An einer anderen nah gelegenen Stelle des niedersächsischen Karstwanderwegs hat der Gipsabbau ein mondkraterartig abgeschürftes Plateau hinterlassen, das sich fast monumental gegen die Silhouette der Harzwälder abzeichnet. Es ist ein Stück Wüste, von den Schaufelradbaggern des Tagebaus in den Karst hinein gefräst. Es ist ein Stück Karst, wie er aussieht, wenn er seines eigentlichen Gesteins beraubt ist, welches für den Reichtum an Flora und Fauna verantwortlich ist, der hier gedeiht. Obwohl der Mensch durch Kultivierung und Bergbau immer schon seinen Abdruck in der Landschaft hinterlassen hat, wird durch solche brachialen Eingriffe das fragile Gleichgewicht dieser Biotope durcheinandergebracht. Gleichwohl verändert sich der Karst durch permanenten Wasserabtrag, Auswaschung und Auslaugung der Steine ständig von selbst. Dolinen entstehen oder vergrößern sich in einem Dominoeffekt zu großflächigen Uvalas, um der Landschaft sozusagen natürliche Krater und Trichter hinzuzufügen. Die Erhabenheit einer Landschaft kann mitunter aber auch erst durch die Verheerungen des Bergbaus aus dem Weichbild herausgemeißelt werden.

Karst spiegelt in seiner Entstehung und kontinuierlichen Veränderung ein elementares Kräftespiel wider, von dem der Mensch betroffen und an dem er zugleich beteiligt ist. Die Höhlen, Gewässer, Pflanzen und Tiere des Karsts sind Teil unseres Kollektivgedächtnisses und auch unsere Archetypen entsteigen nicht zuletzt dem Karst. Gleichzeitig ist Karst selber eine Form, an welcher der Mensch stets mitgewirkt hat, in die er sich gleichermaßen eingefügt und der er das Seinige hinzugefügt hat. Was dabei im Einzelnen Menschenwerk und was natürlichen Ursprungs ist, lässt sich in der Epoche des Anthropozäns ohnehin kaum mehr streng auseinanderhalten.

Einhornhöhle, Zwergenlöcher, Sachsenburg, Blumenbergsköpfe: Ortsnamen wie aus dem Märchenbuch. Beim nächsten Mal machte ich Bad Sachsa, von Herzberg kommend unmittelbar vor Walkenried gelegen, zu meinem Ausgangs- und Zielpunkt. Der seiner vielen Fichten und Tannen wegen verdunkelte Kurpark, eine Allee von Kurhotels und Seniorenheimen, die Flaniermeile mit Raiffeisen- und Sparkassenfiliale, Friseursalon, Folklorerestaurant; am Richtung Hochharz ansteigenden Nordende Bad Sachsas überrascht mich der großzügige Campus eines Gymnasiums mit Internat. Peter Handke zeigt an einem Ort wie diesem, dass selbst dort eine Art von Gegenwelt schlummert, mag sie auch erst in der fantastischen »Erwärmung« des tatsächlich Vorhandenen aufscheinen, der poetischen Anverwandlung der Kleinstadt vor dem Hintergrund ihrer grandiosen Karstkulisse, die ihr jene zwielichtig knisternde balkanisch-orientalische Aura verschafft, die

Handkes Landschaften auszeichnet. Das fünfte Kapitel seiner 2008 erschienenen Erzählung *Die morawische Nacht* ist mehr als nur ein Gedankenexperiment des Erzählers, seinen Balkan versuchsweise in den deutschen Harz zu verlegen. Die Herkunftsregion seines leiblichen Vaters, den Handke erst als Jugendlicher kennenlernte und in seinem Leben nur wenige Male sah, war der Südharz – wenn also Slowenien buchstäblich seinen ›Mutterkarst‹ darstellt, so entspräche der Südharz in der Tat Handkes ›Vaterkarst‹, selbst wenn der Erzähler in *Die morawische Nacht* die Hauptfigur seines »Ex-Autors« als »vaterlos aufgewachsen« porträtiert.

Handke, der als Erzähler sonst deutsche Orte nach Kräften meidet, gelingt in der märchenhaften Verfremdung, die Distanzierung und Aneignung zugleich ist, die späte Annäherung ans Vater-Land. An keiner Stelle des Kapitels wird ein Ortsname eingeführt; die aufgezählten Attribute – Kurpark, Altenheime, Internat … – bringen mir jedoch sogleich ein Städtchen *wie* Bad Sachsa vor Augen. Und auf das *wie* kommt es an: Es ist die Perspektive der vom Karst ausstrahlenden Verwandlung des Vorhandenen in poetische Materie, die in dieser Form der schwärmerischen Prosa eines Hermann Löns abgeht. Im selben Moment bietet Handke ein geologisch exaktes Porträt der Gegend am Karstwanderweg mit ihren

> *einzigen ein wenig präziseren Angaben zur Topographie: die Landschaft im Bogen um die Kleinstadt war ein Karstgebiet, wie man es sonst hauptsächlich auf unserem Balkan antrifft, mit unterirdischen Kalk- und Tropfsteinhöhlen, weißsteinigen, messerscharfen Geröllfeldern, Dolinenschüsseln, bezeichnet durch ein tieferes Grün im Grasland, und unvermittelt unter die Erde verschwindenden Wasserläufen. Und die ehemalige Grenze zwischen West- und Ostdeutschland war nahe, die Stadt lag im früheren Zonengrenzgebiet. Eine Mittelgebirgsmeile weiter ostwärts war seine Mutter, ohne daß auf sie geschossen wurde, über die unsichtbar durch einen hügeligen Fichtenwald verlaufende Grenze geflüchtet* (…).

Die heraufbeschworene Vereinigung von Ost / West, Mann / Frau (Vater / Mutter) findet nun aber für den Erzähler im Südharzkarst gerade *nicht* statt, bleibt aus, obwohl herbeigesehnt, und wird – als durchdringende Begegnung mit dem anderen – phantomschmerzartig vermisst. Einer filmischen Überblendung gleich legt sich die konjunktivische Imagination über die landschaftlichen Realien: »Entsprechend begannen die Sätze seines Monologs regelmäßig mit einem ›Weißt du …‹, ›Stell dir vor …‹, ›Du, ich sage dir …‹, ›Du kannst es mir glauben …‹«. Statt der erhofften Vereinigung begegnen dem Erzähler daher alle Gegenstände einzeln und isoliert,

> *immer in der Einzahl, so wie ihm das dann in der Folge auch auffiel an den Tieren und den Zonengebietsmenschen. Auf einem der zahlreichen die kleine Stadt umgebenden Waldteiche schwamm ein einzelnes, ein einziges Blatt.* (…) *Ein einzelnes Pferd grinste in einem Apfelgarten. Ein einzelnes Fenster war nach Mitternacht noch beleuchtet.* (…) *Einzeln jeweils der Arbeiter in einem der Karststeinbrüche, der Holzfäller im Harzfichtenwald, der Polizist in seinem Patrouillenauto, das Postfräulein in der Post, die Kassiererin im doch großen Supermarkt,* (…) *der Mann auf dem Mähdrescher, die Ingenieurin beim Reparieren einer Wasserleitung* (…).

Dabei hat das vereinzelte Auftreten aller Menschen und Dinge nichts Beunruhigendes oder Bedrohliches für Handkes in die Jahre gekommenes Alter Ego: »In Sicherheit fühlte er sich in der Gegend, wo seine Mutter dem Vater einst über den Weg gelaufen war, oder umgekehrt.« In der Vereinzelung seiner Erscheinungen wird der Südharz zu einem nahezu auratischen Land der ersten Dinge, das einen wieder das Staunen lehrt, denn sein Erzähler-Autor erblickt darin »fortwährend die Grenzzone, welche die Mutter nach dem Krieg durchflüchtet hatte; [sie] war vielleicht schon vor dem Krieg, schon seit jeher, vielleicht durch das mächtige Inselgebirge inmitten der deutschen Länder, solch eine Zone gewesen«.

Handkes Protagonist bereitet sich im Südharzkarst auf ein Ereignis vor, welches ihn nicht dort, sondern woanders – wo sonst als auch in einem Karstgebiet – ereilen soll:

> *Er wurde zum Waldläufer, lief bergauf und bergab, wo es am steilsten war, schwamm in den Waldteichen, die spürbar vor kurzem noch zugefroren gewesen waren, durchkletterte die schrundigen Kalkfelsen*

des Harzkarstes, schnitt einen um den anderen Haselstock ab, spitzte ihn und schleuderte ihn quer über die Lichtungen als Lanze.

Die märchenhafte (An-)Verwandlung der Mittelgebirgslandschaft bleibt eine vorübergehende Fantasie. Handke streift den Südharz mit seiner Figur, um ihn hinter sich zu lassen. Etwas oder jemand fehlt ihm, der oder die *hier* unerreichbar ist: »Dabei blieb er in Gedanken beständig an seine Abwesende gewendet«. Beider Begegnung, mag sie im Schlagabtausch oder in der Verschmelzung enden, wird nicht im Südharz stattfinden, dort kann sie höchstens imaginiert werden. Deshalb gilt es, selbst um den Preis der Unsicherheit, in die morawische Nacht zurückzukehren: »Er hätte noch lange im Harz bleiben können, im Stillen der fernen Frau Augenblick um Augenblick weitererzählend. (...) Aber gerade das Gefühl, in Sicherheit zu sein, zog ihn dann weg.«

Oberhalb des Kurparks von Bad Sachsa und der Internatsschule wandere ich nordöstlich Richtung Walkenried. An einem Kahlschlaghang im Wald stoße ich auf einen Falkenhof. Ein Schaugelände mit gefangen gehaltenen Greifvogelarten. Der Falkner, oder ist er bloß ein einfacher Wärter, gibt mir das Wechselgeld mit finsterer Miene heraus. Sein abweisender Bart huscht über Jagdfibeln, Federn, Lederriemen, die käuflich erworben werden können. Ich habe ein beklemmendes Gefühl, die Luftmajestäten hier am Boden eingesperrt zu sehen. Das Gegenteil von Wildnis. Traurige große Vögel in Volieren, Turmfalken, ein Bussardpaar, Sakerfalken, Wanderfalken, Sperber, ein Habicht, ein Schwarz- und ein Rotmilan, der mit dem einen seiner Flügel beim Gleitversuch dauernd ans obere Gitter streift. Es kommt mir sinnlos vor, den Vögeln auf diese Weise ihren Raum zu beschneiden. Die Volieren reduzieren sie auf unbeholfene Kreaturen.

Den düsteren Falkenhof im Rücken lassend, schlägt mein Weg einen Bogen um die nördlich Walkenrieds gelegene Ortschaft Wieda, die Ausläufer des Harzwalds gestatten mir einen terrassenförmigen Blick nach Süden über das Tal, ich nähere mich den um das Kloster Walkenried angelegten Teichen. In der Niederung feuchte Taureste, dunkle Fichtengärten, verlassene Bahnbaracken, die ersten Ansiedlungen Walkenrieds, wenn man sich dem Ort von Nordwesten nähert. Das Stigma des früheren Zonenrandgebiets haftet der Siedlung an, bis die imposanten Kalkblöcke der Klosterruinenpfeiler sich vor das verwitternde Reihenhauseternit drängen. Noch bevor ich den Ortseingang erreichte, war der Schatten eines Eisvogels durch die Stille des mit Erlen und Buchen bestandenen Teichufers hindurchgehuscht. Ich versuche die schillernde, so unerwartet aufgekreuzte wie verschwundene Silhouette im Gedächtnis zu bewahren und denke mir mögliche Namen für den Eisvogel aus: Regenbogengott; Schilfstiller; Fatamorganenspecht ...

Die im Bauernkrieg geschleiften Pfeiler der Zisterzienserabtei sind das Kleinod im Zentrum Walkenrieds. Im Wirtschaftstrakt des Klosters befindet sich ein japanisches Restaurant, das ein nach Japan ausgewanderter, mit seiner japanischen Frau und den Töchtern wieder nach Deutschland zurückgekehrter Geschichtsprofessor betreibt. Wir sprechen über die Kalligrafien an den Wänden, das Rätsel eines von ihm zitierten Koan bleibt ungelöst im Raum, da die bestellten Teller aus der Küche eingetroffen sind. Das Essen bietet selber eine Zen-Lektion – dosiert wenig, damit man die Köstlichkeit eines jeden Bissens schätzen lernt.

Im Rekurs auf ein Credo des Schweizer Bergsteigers und Dichters Ludwig Hohl versteht Peter Handke »die liebevolle Erwärmung des Vorhandenen« als sein poetisches Ethos, und an anderer Stelle bezieht er sich unmittelbar auf Adalbert Stifters *Kalkstein*, um eine Spur zur Ahnenschaft seiner Faszination für den Karst zu legen. Spätestens seit *Die Wiederholung* aus dem Jahr 1986, eigentlich bereits seit der 1979 erschienenen *Langsamen Heimkehr* und dem euphorischen Bekenntnis zur Geologie, die er gegen die Verheerungen der Geschichte stellt – sein Protagonist Sorger widmet sich den »Vorzeitformen« –, ist Handke als Kundschafter und Vermesser des Karsts unterwegs, bei dem erdkundliche Empirie und landschaftliche Affektion miteinander verschmelzen.

Handkes Physiognomie des Karsts speist sich zunächst – wie auch die geologische Karstkunde – aus dem besonderen Formenschatz einer Landschaft, deren lokaler Name mit der wissenschaftlichen Erforschung des Phänomens zum weltweiten Synonym wurde. ›Karst‹ geht wie die entsprechenden Namen seiner einschlägigen Bodenformen (Doline, Polje, Uvala) auf die Wurzel ›kras‹ in der slowenischen Sprache zurück, zu der Handke aufgrund der slowenischen Herkunft seiner Mutter eine besondere Beziehung pflegt. Slowenien, das südslawisch-adriatische Mutterland der Karst-Geologie, und Slowenisch als die Muttersprache der Karsterscheinungen inspirierten Ende des 19. Jahrhunderts die empirische Forschung, zum Beispiel Franz von Marenzi mit seinem Fragment vom Karst. Zugleich ist das kleine Land zwischen dem italienischen Triest und dem kroatischen Istrien immer schon eine Projektionsfläche für poetische Fantasien über den Karst gewesen. Handke sieht es ungern als jenen politischen Staat, welcher seit seiner Abspaltung von Jugoslawien 1991 in die Weltgeschichte eingetreten ist, und will es lieber als »Neuntes Land«, welches dem »Träumer« seine Utopien schenkt, bewahrt wissen. Er ist damit nicht der Erste, sondern hat eine Reihe von Vorgängern, etwa die italienisch schreibenden Triester Dichter Umberto Saba oder Scipio Slataper oder die Slowenen Prežihov Voranc und Srečko Kosovel. Die »Hochfläche über dem Golf von Triest«, das ist für Handke – der Geologie folgend – der »›Mutterkarst‹ (…), von dem alle vergleichbaren Erscheinungen in der Welt ihren Namen« haben, wie er in *Die Wiederholung* schreibt.

Handkes Vorstellung vom Karst geht wesentlich auf die Form der Doline zurück, jenen erdfallartigen Trichter, manchmal höhlengroß, manchmal nur ein nach innen gestülpter Erdbuckel, der das brüchige und zugleich weiche, vom Wasser ausgelaugte Gestein anzeigt. Dolinen sind die der porösen, tritt*un*sicheren Oberfläche des Karsts ihre spezifische Struktur gebenden Vertiefungen und Krater im Boden. Eine dominoartig aneinandergereihte Kette von Dolinen – letztlich *eine* Groß-Doline – bildet eine Uvala. Der von der Oberfläche der Dolinenstürze und Uvalas abgetragene, talwärts ausgewaschene Boden staut sich wiederum in einer Art von fruchtbarem Schwemmland oder Becken, der Polje, welche ihren Bewohnern einen »Acker vom Ausmaß eines Apfelbaumschattens« bereitstellt. Handke sieht auf der vermeintlich gestörten, beschädigten Oberfläche des Karsts und seinem Ineinander erodierter Dolinentrichter und fruchtbarer Poljen eine poetische Utopie aufgehen, bei der die Doline zum Ort einer intensiv erlebten Gegenwart wird. Ausgerechnet eine Bruchform des Erdreichs verspricht ihm irdische Wärme und Schutz, der Karst lässt den Unbehausten in eine Art von Zuhause eintreten. Individuelles Fürsichgehen und kollektive Begegnung ergänzen sich symbiotisch bis hin zur friedfertigen Form eines durch und durch weltstädtischen Kollektivs Einzelner,

> *nur daß jeder Stadtteil für sich allein, eine Fußstunde vom nächsten, im Niemandsland liegt, und keiner den Ruf des Elendsviertels, des Viertels der Bürger oder des der Reichen hat (...). Nirgendwo habe ich bisher ein Land getroffen, das mir, wie der Karst, in all seinen Einzel-Teilen (samt den paar Traktoren, Fabriken und Supermärkten) als das Modell für eine mögliche Zukunft erschien.*

Was meint »die Wiederholung« in Handkes Geschichte vom Karst? Sein halb autobiografischer Erzähler Filip Kobal erinnert sich an eine vor einem Vierteljahrhundert nach der Matura über die Kärntner Grenze hinüber nach Süden unternommene Reise in den damals wie ein ferner Kontinent entrückten slowenischen Teil des jugoslawischen Nachbarstaats, den er als ursprüngliche Heimat seiner Vorfahren betrachtet. Dem im Krieg verschollenen, nur von den Erzählungen der Eltern vertrauten Bruder in das Ahnenland anhand dessen hinterlassener Aufzeichnungen von der Landwirtschaftsschule in Maribor zu folgen, dessen vormalige Aneignung Sloweniens also für sich selber zu wiederholen, war das Ziel des jugendlichen Filip Kobal gewesen – eine Reise ins »Neunte Land«, die der gereifte Erzähler nun im Medium der Schrift nochmals wiederholt. Der Rhythmus des aufmerksamen, von Staunen und Neugier begleiteten Gehens im Karst gibt den Rhythmus des Erzählens und seiner Schrift vor. Der Tritt über die geologische Schwelle wird im Schreiben nachvollzogen.

Die Art des Gehens im Karst generiert die Eigentümlichkeit einer sich permanent hinterfragenden Schrift, die mit jeder Wendung des Satzes innehält, als müsste mit jedem Schritt Ausschau gehalten und das Gelände neu abgesteckt werden, ein verzögertes Voranschreiten, das mit Fragezeichen versehen die jeweils eingeschlagene Richtung überdenkt, das mit den Appositionen und Einschüben, den Wiederaufnahmen, Aposiopesen und Anakoluthen Umwege, Kurven, Sprünge und abrupte Kehren der schwer vorhersehbaren Wegstrecke über den unebenen, unregelmäßigen Dolinenkarst nachzuzeichnen sucht. Das im Gegensatz zum zielgerichteten, auf Zeit bedachten Voranschreiten zeit- und ziellose Gehen im Karst wird von den Arabesken einer Schrift gespiegelt, deren Credo analog zum »Wind« entfachenden Zickzack dieses Gehens »je zielloser, desto besser« lauten könnte und die ein kleinteiliges, sprunghaftes, bei einzelnen Formen und Gegenständen verharrendes, dann jedoch wieder fantastisch abschweifendes, von immer wieder neuen Ab- und Aufbrüchen getragenes, verschiedenste Zeiten, Räume und Figuren unterirdisch verbindendes episches System entstehen lässt:

> *So erzeugte auch das Gehen im Karst den Wind, wenn der dort ausblieb, und mit ihm verflüchtigten sich die Grübeleien, und es kehrte mich wieder jener große Gedanke, befreiend wie nichts sonst, nach außen: »Freund, du hast Zeit.« (...) Zu solch einem Gang gehörte es, daß der Gehende selbst sich in Abständen, unwillkürlich, umblickte, nicht aus Angst vor seinem Verfolger, sondern aus reiner Lust am Unterwegssein, je zielloser, desto besser, mit der Gewißheit, dabei in seinem Rücken eine Form zu entdecken, sei es auch nur den Riß im Asphalt. (...) Freilich wird er dazu nicht drauflosgehen, wie ein Passant, sondern sich verlangsamen, sich im Kreis drehen, innehalten, sich bücken: Die Fundstätten sind in der Regel unter der Augenhöhe. Er braucht sich dazu nicht zu zwingen; ehe er sich versieht, haben Landschaft und Wind ihm sein Maß zugeteilt. Im Bewußtsein, Zeit zu haben, habe ich mich im Karst nie beeilt; gelaufen bin ich nur, wenn ich müde wurde, und es war dann ein langsamer Lauf.*

Handke steckt hier *en passant* das Ziel seines vermeintlich ziellosen Gehens ab. Er will Entdecker von »Formen« sein. Es gilt, der im »langsamen Lauf« des Unterwegsseins sich zeigenden »Neuigkeit« gewahr zu werden und sie zu bewahren – »ein Urbild, eine Elementarform, den Inbegriff eines Dings«. Es ist bemerkenswert, dass Handke von »Form« in Bezug auf eine Landschaft spricht, welche wegen der in ihr sich vollziehenden hydrologischen Zersetzung eigentlich gar keine ›regelmäßigen Formen‹ aufweist. Die vielfältige Formensprache einer derart zerbrochenen und sich permanent verändernden Landschaft wie die des Karsts ist auf exakte Weise nur schwer darstellbar, sowohl in Worten wie Abbildungen, genau diese beinah wolkenartig amorphe Unbestimmtheit jedoch macht sie für ihn attraktiv: Der vermeintlich formlose Karst steckt insgeheim voller Formen und macht Aufbrüche im doppelten Wortsinn erfahrbar. Was erblickt wird, soll nicht auf bereits bekannte Formen zurückgeführt werden, sondern Anlass geben, genauer hinzusehen und die Dinge neu zu betrachten. Das Neue, das sich beim Gehen im Karst an der aufgebrochenen Oberfläche offenbart, liefert den entscheidenden Anstoß, »ins Land der Erzählung« aufzubrechen – also mitzugehen, mit- und nachzuschreiben, die sich am Boden zwischen den Dolinen und Erdfällen auftuende Leere festzuhalten und mit Bildern der Imagination zu verfüllen:

> *Wenn Natur und Werke des Karstes archaisch waren, dann nicht in dem Sinn eines »Es war ein mal«, sondern eines »Fang an!«* (...) *so empfand ich auch in Gegenwart eines Dolinentrichters nie den Vorzeit-Moment nach, wo sich die Erde da plötzlich gesenkt hatte, sondern sah, verläßlich, immer wieder, aus der leeren Schüssel etwas Kommendes aufsteigen, Schwade um Schwade eine Vor-Form: Man mußte diese nur festhalten!*

Spätestens an dieser Stelle wird spürbar, wie sehr Handke den geologischen Formbegriff poetisch überschreitet. Wo die Form des Bodens und der Tektonik für die Wissenschaft empirisch erkannt und beschrieben werden sollen, um ihre Entstehung und Entwicklung zu verstehen und eine Art von objektiver Kausalität und Gesetzmäßigkeit daraus abzuleiten, ist Handke daran interessiert, die wahrgenommene Form in seine Schrift vom Karst zu übertragen, aus dem geologischen Aufbruch also den Anspruch abzuleiten, eine neue poetische Form zu generieren, sie *laufend* neu zu finden.

Von der Empirie zur Poesie zur großen Erzählung hin – so könnte Handkes Prämisse für die Aneignung des Karsts lauten. Die literarische Empirie des Karsts, schon in Goethes Gesteinsdiskurs angelegt und in Stifters *Kalkstein* erstmals emphatisch verwirklicht, hat in Handke ihren Apologeten gefunden. Seine eindringlich und geologisch nachvollziehbar geschilderte Phänomenologie des Karsts stiftet zugleich poetisches Kapital, das auch noch jenseits des empirischen Karsts, sogar in Landschaften, die vordergründig nichts mit dem Karst zu tun haben, seinen Wert behält. Handke überträgt seine im slowenischen »Mutterkarst« gewonnenen Bilder und Formen als »Modelle« eines möglichen Erzählens auch auf andere Landschaften des Globus – und schreibt so auf eine große Erzählung hin, die sich vom Karst als Weltanschauung ableitet: »Mir die Sinne schärfend, alle Sinne zugleich, zeigte es mir im scheinbar Wirrsten, der menschenfernen Wildnis, Form um Form, eine klar getrennt von der andern, und eine die Ergänzung der andern, und ich entdeckte das nutzloseste Ding als einen Wert und kam in den Stand, die Dinge zusammen zu benennen.«

Für den Karst sensibilisiert, ›sieht‹ er – sehen seine Alter-Ego-Protagonisten – diesen plötzlich auch in Gegenden und Räumen erscheinen, die dafür gar nicht einschlägig oder (noch) nicht eigens bekannt sind oder wo der Karst nur eine geologische Form unter vielen darstellt. Bereits in *Die Lehre der Sainte-Victoire* aus dem Jahr 1980, sechs Jahre vor *Die Wiederholung*, hatte die Formensprache des Karsts Handkes Bild vom provenzalischen Kalkmassiv, das Paul Cézanne den Pinsel führte, mitbestimmt; das spanische Hochland wird mit der (auch für Rilke und Machado wichtigen) Gegend um Soria (*Versuch über die Jukebox,* 1990) und der Sierra de Gredos (*Der Bildverlust,* 2002) aus der Perspektive des Karsts betrachtet; ebenso das Pariser Becken mit dem westlich von Paris gelegenen Chaville als Basislager (*Versuch über den geglückten Tag,* 1991; *Mein Jahr in der Niemandsbucht,* 1994 und, im Titel auf ein Karstphänomen verweisend, *Der Große Fall,* 2011). Handkes jüngster, als ›letztes Epos‹ bezeichneter Ausflug führt in die bislang kaum ihres Karsts wegen gerühmte nordfranzösische Picardie (*Die Obstdiebin,* 2017). Sein Blick auf die Karst-Konditionen so verschiedenartiger Landstriche lässt diese in einem geologisch zwar ungewöhnlichen, jedoch nicht bloß fantastischen, sondern zugleich in einem ganz unempirischen, utopischen Licht aufscheinen, das von jenem im Gehen und Schreiben praktizierten zeit- und ziellosen Unterwegssein herrührt.

Handkes Werk wirkt dadurch selber wie das literarische Modell einer sich ständig verändernden Karstlandschaft. Zieht man die Reihe seiner Aufzeichnungen und Notizbücher hinzu (*Phantasien der Wiederholung,* 1983; *Die Geschichte des Bleistifts,* 1985; *Gestern unterwegs,* 2005; *Vor der Baumschattenwand nachts,* 2016), die in ihrer fragmentarischen Form, in ihren Bildern, Epiphanien und Reflexionen stets auch auf Momente des Karsts zurückgehen, so könnte sein Werk ohne Übertreibung gar als Lebensmitschrift aus dem Karst bezeichnet werden – nicht weil er sich als empirische Person permanent im Karst aufhielte, sondern weil er mit der im Karst und vom Gehen dort gewonnenen Anschauung die Welt durchstreift. Die geologische Ausgangsbasis transzendiert dabei mehr und mehr zugunsten einer allseitigen poetischen Landnahme im Namen der Lebensanschauung und des Daseinsgefühls ›Karst‹.

Handkes autobiografisch grundierte Apologie des Karsts ist die wohl nachhaltigste und weithin sichtbarste Spur, die diese Landschaft in der Weltliteratur hinterlassen hat. *Sein* Karst öffnet neben der generellen geologischen Sensibilisierung, auch wenn er die Geologie dann selber permanent poetisch unterläuft und überschreitet, den Blick für den Karst vor der eigenen Tür – aber in ihn hinein gehen, mich auf ihm tragen lassen, hinabsteigen oder aufgehoben werden, ihn anschauen und das Angeschaute in Schrift verwandeln, aus den geologischen Formen das poetische Moment gewinnen: das kann ich nur mit eigenen Augen tun.

Es ist der 9. Mai 2018. Ein frühlingsblauer Mittwoch vor Christi Himmelfahrt. Der amerikanische Präsident verkündet, die ausgesetzten wirtschaftlichen und diplomatischen Sanktionen der Vereinigten Staaten gegen Iran wieder einzuführen. Kein Handel, kein Öl, keine Medikamente, keine Einreise mehr. Ich weiß nicht, wo mir der Kopf steht. Im vergangenen Sommer bin ich nach Teheran geflogen, durch Persien gereist, ich schreibe mit den neuen Freunden von dort über WhatsApp und Telegram. Ob wir uns, wie geplant, demnächst in Italien wiedersehen werden, ist unsicher. Ich schultere den Rucksack, nehme den Regionalzug nach Herzberg, steige in die Bahn nach Nordhausen um. Aus den rotbraunen Porphyrquadern der Bahnhofshalle tretend, wende ich mich zunächst nach Norden in die angrenzende Fußgängerzone, steige die bollwerkartige turmbewehrte Altstadt hinauf und schwenke entlang des Stadtparks am Flüsschen Salza schließlich westwärts, in offenes Wiesen- und Laubenterrain hin ein. Bald habe ich den Harz im Blick. Ein massiver granitbrauner Findling, in den goldene Großbuchstaben eingehauen sind, soll an Goethes Harzreise im Winter 1777 erinnern.

Der inkognito Reisende war seinerzeit, beinah den Verlauf der späteren Brockenbahn vorwegnehmend, nordwärts geritten, Richtung Ilfeld, Wernigerode, direkt in den Hochharz, an Sorge und Elend vorbei, zu den Schauplätzen seines *Faust*. Ich will Sorge und Elend entgehen, den Fratzen der Weltgeschichte den Rücken kehren, sie mit dieser Wanderung über die Grenzzone, über die Brüche, Risse, Falten der viel älteren Erdgeschichte hinweg exorzieren, den Dämon der Politik strafen und besiegen mit kompletter Nichtbeachtung. Ich gehe, schreite fort, voran, die Salza überquerend in westlicher Richtung den Südharzrand hügelauf, hügelab, heckenbestandene Hohlwege hindurch, steile Waldwindungen hinauf, im Verschnaufen, atemlangen Innehalten auf den Plateaus, den Weggabelungen schreibe ich mit, den Puls der Wanderung hastig ins Notizbuch pausend.

Es ist der 9. Mai 2018. Dreiundsiebzig Jahre und einen Tag nach dem Ende des Zweiten Weltkriegs. Kann ich die Weltgeschichte einfach ignorieren, wenn mein erdgeschichtlicher Lehrpfad unmittelbar über die Baracken des KZ Mittelbau-Dora verläuft? Sie liegen am Weg, ein Vorort Nordhausens, ein Name, der selbst als geschleifter Trümmerhang monströse Vorstellungen heraufbeschwört: Mittelbau-Dora. Schienenreste mit Loren aus rostigem Stahl vor scharfen weißen Steinbruchkanten postiert. Unter Tage sind die Schächte zu besichtigen, die zu den Hohlräumen aus Salzstöcken und Karsthöhlen führten, in denen die geheime Montage der V2-Bomben stattgefunden hat. Der Karst, sobald er von Menschenhand beansprucht wird, ist weder eine natürliche noch eine unschuldige Landschaft. Gibt es überhaupt unschuldige Landschaften?

Hinter Krimderode bei der Weggabelung zu den Baracken von Mittelbau-Dora steht ein altes sandsteinernes Sühnekreuz. Links setzt sich der Karstweg fort, rechts führt eine Serpentine zur Gedenkstätte mit dem ehemaligen Lagerkomplex. Geschwungene wellige Wiesenzungen, die das einstige Grauen überwuchern. Ich komme durch einen weitläufigen, sanft an- und abschwellenden, von Hohlwegen durchzogenen Buchenwald, die breit gefächerten Wipfel weben unter der Sonne an einem Teppich aus lichtem Grün. Eine riesige frei stehende Wurzel füllt mit ihren moosgrünen Verästelungen die Böschung einer ansteigenden Wegkehre. Dann stehe ich auf dem Kamm, der Wald gelichtet. Wind und Sonne streiten sich um die

Vorherrschaft über mein Haupt. Stichpfade laufen in verbuschte geschwungene Schneisen hinein. Ich finde die Wegmarkierung, den Pfeil westwärts, Flurnamen angezeigt: Sattelstein. Katzenköpfe. Im Halbkreis überquere ich eine Wiese, die sich zwischen die Hügelsäume spannt. Um die Felsen biegend gelange ich auf den schroffen zerfressenen Sockel salzweißer Gipsklippen. Die Wegscheide zwischen Nord und West bietet einen berauschenden Fernblick. Auf dem Plateau der Klippen bin ich außerhalb von Raum und Zeit.

Die Ansiedlung, die ich, nach dem abschüssigen Pfad über den zerbröselnden Gips, erblicke, sind die Dächer von Hörningen, ehemaliges Grenzdorf, um welches herum sich jetzt die Räder eines Windparks drehen. Sie lärmen mit dem Gepolter und Geschiebe eiserner Gestänge. Zugleich bin ich umgeben vom Spiel der Falter, der Vögel, von fernem Gesumm. Saumpfade zwischen Wiese und Wald, die mich oberhalb von Gudersleben, Obersachswerfen, Klettenberg, Neuhof vorbeiführen, dies- und jenseits des Grenzstreifens, der nur noch ein imaginärer ist. Im labyrinthischen Unterholz zwischen trockenem, rötlich-braun aufgeworfenem Dolinengeröll und Uvalaschluchten erwartet mich eine Welt aus Vogelgesang. Ich halte das iPhone zu den Wipfeln hinauf in die hellen Akkordfolgen eines unsichtbar bleibenden Pirols: Dü-lio-liu, Dü-lio-liu. Andere Rufe mischen sich hinein. Vielstimmiges Crescendo, das ich nicht auseinanderhalten kann. Nachdem ich den Dolinenwald auf der Kammhöhe verlassen habe, warte ich auf einer Bank gegenüber einer Schafkoppel, rötlicher Sandstein schaut unter dem Gras hervor, bis WhatsApp die Laute auf der schwachen Satellitenverbindung nach Teheran verschickt hat.

Keine zehn Minuten, ich stehe mittlerweile auf einem Weidehügel hinter Branderode mit seinem schönen Gemeindeanger aus Fachwerkgiebeln und Natursteinmauern angrenzender Gärten und frage mich, welcher Weg von hier aus am ehesten nach Bad Sachsa zum Bahnhof führt, als mir das iPhone ihr Entzücken in persischen Zeichenfolgen sendet, ein Buchstabenteppich, den ich zu entschlüsseln suche. Ich laufe durch den Nachmittag über die Landstraße, bereits im alten Westen angekommen, vorbei an ausgeräumten Feldböschungen, kahlen Hängen mit höchstens kleinen Gehölzinseln. Verbringe die letzten Kilometer mit dem Gehen durch das Straßendorf von

Neuhof. Schließlich erreiche ich die lotrechte, massig in der Landschaft thronende Gipswand der Sachsenklippe, während die Abendsonne mir grell ins Gesicht fällt. Beim Warten am Haltepunkt erscheint der erste Mensch seit Stunden, dem ich begegne.

Es ist der 9. Mai 2018. Ich habe den Tag im Sternzeichen des Karsts verbracht. Die Gips- und Dolomittrümmer haben meine Vorstellung von Stein auf den Kopf gestellt. Hohl, porös, durchlässig, löcherig, unbestimmt sich hebend, senkend, ein unsicheres, ausgemergeltes Gelände – so geht es sich im Karst. Doch der nackte schrundige Fels ist zugleich von großer Anziehungskraft wegen seiner Verbindung zum Erdinneren, das sich hier ins Gedächtnis ruft. Sich die Blöße gibt. Auftut. Die Schwelle ist Kontaktzone zur Unterwelt. Das meint nicht bloß Höhlen, Schluchten, Magma, sondern auch eine andere, anders mögliche Erzählung von Sein und Zeit, in der Erdgeschichte und Mythologie umstandslos dem Alltag angehören. Was kann die tobende Weltgeschichte des heutigen Tags mir anhaben, wenn ich den Blick auf die Uhr der Steine und Bäume richte, frage ich mich, als der Zug in der Dunkelheit den Bahnhof von Braunschweig erreicht.

Aus dieser Steinwüste blickte ich plötzlich in die weite Fläche des Adriatischen Meeres (...).

Karl Friedrich Schinkel, *Triest*

3 ~ Süden: Küstenkarst

Der Turm im Karst von Duino: Auf den Fotos vom Sommer 1917 ist er das Einzige, was nach den italienischen Luftangriffen, die der Futurist Marinetti hätte geflogen haben können, unbeschadet blieb. Eine vor langer Zeit über dem porösen Kalkschiefer vierkantig hochgezogene Windröhre, zwischen deren Ritzen das Grün hervorbricht – Rosmarin, Lavendel, Arnika und wilde Rosen –, angeflogen mit einem Wind, der weder Zäune noch Mauern noch die Grenzen der gestrigen und heutigen Geschichte kennt, Wind so alt, wie diese Vögel sind, die in den Fugen des Turmes, unter Sparren, Kanten, Balken, Splinten, in von Luft und Wasser ausgemeißelten Hohlräumen nisten, schwärmen und wieder nisten. Mag auch keiner mehr da sein, sie zu besingen, sind sie sich doch selbst genug mit ihrem Sirren und Schwirren, mit ihrer scherenscharfen Turbulenz – ein schon von Weitem sichtbarer Pulk. Beim Näherkommen auf dem Küstenpfad oberhalb der Klippen von Sistiana nach Aurisina hinüber ein Saum, der alle Erscheinungen des adriatischen Karsts bereits wie in einem Lehrbuch offenbart: trichterartig ausgehöhltes, zwischen Kiefern und Ginster entblößtes Taubgestein, grauer kantiger Schliff, ins Weiße oder Blaue spielend. Für die einen ist es schlicht Geröll, für die anderen ein Fingerzeig zur Unterwelt, »das Wurzelwerk der Seele« in Rilkes Dichterworten.

Ich folge der Idee, mich dem Karst von allen vier Himmelsrichtungen aus zu nähern. Ich habe den Norden der deutschen Mittelgebirge gegen den Süden des Adriatischen Meers getauscht – wohl wissend, dass die Himmelsrichtung vom jeweiligen Standpunkt des Betrachters abhängt: Es ist *mein* Süden, solang ich von Norden komme. Ein stichprobenartiges Gehen, ein mit den Schuhsohlen kratzendes Probebohren, punktweises Sondieren im mediterranen Karst – mehr kann es nicht sein. Spurenlesen in der dort von anderen schon hinterlassenen Schrift, Rilkes Capri und Duino, und was entziffere ich in der kurzen Zeit von Triest, das immer als Hauptstadt des Karsts beschrieben worden ist, weil man von hier aus begann, den Formenschatz des Karsts, im istrischen, slowenischsprachigen Hinterland gesammelt, weitläufig darzustellen? Istrien bietet den am intensivsten erforschten Karst der Welt.

Die Mauersegler sind die wahren Einwohner des Duineser Felsensporns, freundliche Geister, die um die den wenigen hierher verirrten Besucherblicken preisgegebenen Schlossgemächer schwärmen, um die Empireboudoirs, Art-déco-Vitrinen, Balkonerker herum, die sich der Unendlichkeit über dem Meer entgegenbeugen. Öffne ich jedoch im Turmzimmer nebenan das Fenster, hinausgelehnt über die Halbröhrenreihen des warmen roten Dachziegeltons, über die Augenweide der weißen Kamintürmchen in den weiten Nachmittag blickend, sind die Vögel plötzlich zum Greifen nah, rasanter jedoch, als jede Hand sie fassen, jeder Blick sie halten könnte, ihren halbmondförmigen, scherenscharfen Schnitten durch das Blau starre ich gefesselt nach.

Die Vögel nötigen mir ein sprachlos glückliches Staunen ab, in diesem Moment jetzt und hier, der ewig dauert, solang ich ihn aushalte, solang ich es ertrage, nur zuzusehen, ohne das stumme Einverständnis in ihre Gegenwart mit einem falschen Wort zu brechen. Dieser Moment, der ein ganzer Sommer ist, Turbine ihrer windschnittigen Flugkörper, die den alten Duineser Turm auf den Klippen ins All hinauszutragen scheinen, ihn in Bewegung setzen, das ein Singen ist, Rotieren von Klangfolgen, sich wiederholenden Takten – Scherzi, Glissandi, Koloraturen, Arpeggien –, sich steigernden, auflösenden und wieder sammelnden Akkorden.

Stets fühlte ich mich im Süden befreit und leichter geworden, die Last der Geschichte, die in der deutschen Landschaft noch von den Großvätern, den Urgroßvätern her das ziellose Gehen erschwerte, von mir genommen. Was sich wie ein Abgrund aus Schuld jeden Moment unter einem auftun konnte, in Bunker, Höhlen, Spalten, Trichter verdrängt, schien von mir gewichen im Azur eines mediterranen Zenits. Das Gehen kam mir dort leichtfüßiger, beinah schwerelos, wie schwebend vor, abgehoben in der Transparenz einer weithin flimmernden Küste. Selbst wenn es dann nicht so war – es *wollte* mir so scheinen ...

Wir haben aufgehört, auf die Uhr zu sehen. Wir zählen nicht die Minuten, die wir hier anwesend sind. Den im Gebälk der Schlosseinfahrt nistenden Hausschwalben könnten wir einzelne Namen geben, dem Schwarm der Mauersegler nicht. Uns bleibt ihre in die Luft gezeichnete Spur. Näher kommen wir ihnen nicht. Dabei habe ich vergessen, dass Rilke die Mauersegler gar nicht vor Augen gehabt haben konnte, als er die ersten beiden Gesänge der *Duineser Elegien* zu schreiben begann, es war im Winter gewesen, der Winter des Jahres 1912.

Ein paar Jahre vor Duino war ich bereits auf Capri im Tyrrhenischen Meer auf Rilkes Spuren gestoßen. Zweimal bin ich auf der Insel gewesen, aber nie hatte ich dabei an den Karst gedacht. Mit seinen schroffen Klippen, der schütteren Vegetation, dem die Hälfte des Jahres über rauen Wind könnte Capri, vergisst man die mediterrane Üppigkeit und Sonne, von der es umgeben ist, fast als ein Stück ›Norden‹ im Süden gelten. In den touristenarmen Wintermonaten, die Rilke auf Capri verbrachte, der in den Jahren zuvor die Nordsee bei Worpswede und die dänische Ostsee kennengelernt hatte, erlebte er Schnee, Stürme und eisige Kälte auf dieser Insel. Und er kam hier in Berührung mit dem Karst – ein halbes Jahrzehnt vor seinem folgenreichen Aufenthalt auf Schloss Duino im istrischen Mutterkarst.

Anders als die vulkanischen Nachbarinseln Ischia und Procida und das neapolitanische Festland ist Capri mit seinem gelblich weißen, erodierenden Kalkschiefer, aus dem zerklüftete Buchten, Karrenfelsgrate und Höhlendome hervorgegangen sind, typisches Karstgebiet. Karst, der sich in diesem Fall nicht durch die Schichten des Binnenlandes zieht, sondern von Meer umspült ist. Ein Karst, der als mythologische Landschaft bis in die Antike zurückreicht. Das nach massivem Holzeinschlag für den Flottenbau der griechischen Stadtstaaten rapide verkarstete Archipel der Peloponnes lässt sich auf Capri im Kleinen studieren: keine Wälder mehr, von Ginster, Rosmarin, Hartlaub überwucherter Fels, steinkahl abgeschliffenes Hochland Anacapris, des anderen, weniger besuchten Inselteils, niedriger Pinien-, Lorbeer-, Wacholderbewuchs. Die Grotten des Karsts konnten dabei dem orphischen Kult und Mythos, die Höhlen dem Kult der Demeter geweiht werden. Die Vorstellung von Orpheus' Gang in die Unterwelt bedarf des

Karsts als topografischem Hintergrund – und wie sollte man sich beim Aufstieg in der Enge, Abschüssigkeit und Dunkelheit der Grotte nicht besorgt nach der Geliebten umblicken wollen? Der Drang wird nachvollziehbarer, wenn man selbst bereits einmal an solchen Orten gewesen ist.

Rilke hatte Griechenland nicht besucht, jedoch lieferten ihm (ähnlich wie Goethe) das südliche Italien, das alte ›Großgriechenland‹ mit Neapel, den Ruinen von Paestum und eben Capri bereits die Anschauung für jenen Raum, in welchem für ihn die antike Mythologie beheimatet war, ja spuren- und ahnungsweise auflebte, für die Dauer von Atemzügen, in denen ein Gedicht entsteht. Capri ist mythologisch gleichermaßen mit Orpheus wie mit Odysseus verbunden, und zwar aufgrund seines von Südosten sichtbaren Wahrzeichens, der beiden kalkweiß verkarsteten Kegel der Faraglioni, den als Inseln der Sirenen bekannten, aus dem Meer ragenden Felsen, die man vom Ende der Via Tragara kommend, am Küstenpfad im Osten oberhalb der Marina Piccola betrachten kann – das Ziel aller von der Marina Grande kommenden Inselüberquerungen und Rilkes täglicher Anblick vom Garten der Villa Discopoli aus, wo er im sogenannten ›Rosenhäuschen‹ als Gast von Alice Fähndrich Freiin von Nordeck zu Rabenau mit der jungen Manon zu Solms-Laubach logierte. Die Marina Piccola, in Ruderschlagdistanz zu den Faraglioni gelegen, hat er dann auch als Ort unter seinem berühmtesten Capri-Gedicht, dem *Lied vom Meer*, verewigt. Dreißig weitere Gedichte, die meisten davon zu Lebzeiten unveröffentlicht, und eine Vielzahl von Briefen folgten. Rilke war sich des unsicheren Karstuntergrunds und der mythologischen Dimensionen der Insel bewusst.

Seiner Reisebegleiterin Manon, einer sechsundzwanzigjährigen Darmstädter Gräfin, ist die vierte der *Improvisationen aus dem Capreser Winter* gewidmet, die schon die *Duineser Elegien* vorbereiten. Ihren ursprünglichen Titel verdankt die Improvisation jedoch einem Felsvorsprung im Westen Anacapris, den er gemeinsam mit Manon erklommen hatte: La Migliera. Es ist am Ende nicht zu unterscheiden, ob das emphatische Weiß der Klippen von frischem Schnee oder der Verkarstung des Kalks herrührt:

Schließ inniger die Augen und erkenn
es langsam wieder: Meer und Meer,

schwer von sich selbst, blau aus sich her
und leer am Rand, mit einem Grund aus Grün.
(Aus welchem Grün? Es kommt sonst nirgends vor ...)
Und plötzlich, atemlos, daraus empor
die Felsen jagend, von so tief, daß sie
im steilen Steigen gar nicht wissen, wie
ihr Steigen enden soll. Auf einmal bricht
es an den Himmeln ab, dort, wo es dicht
von zuviel Himmel ist. Und drüber, sieh,
ist wieder Himmel, und bis weit hinein
in jenes Übermaß: wo ist er nicht?
Strahlen ihn nicht die beiden Klippen aus?
Malt nicht sein Licht das fernste Weiß, den Schnee,
der sich zu rühren scheint und weit hinaus
die Blicke mitnimmt. Und er hört nicht auf,
Himmel zu sein, eh wir ihn atmen.

»Hiersein ist herrlich!«, ruft Rilke später in den *Duineser Elegien*: Er muss einem Moment wie diesen im stillen hohen blauen Mittag am Sirenenkap vor Augen gehabt haben. Beim ersten Capri-Besuch umrunde ich die zum Festlandsvorgebirge blickende Südostspitze Capris mit zügigem Schritt, halte bei den zwischen Kiefern und Wacholder sich über den flimmernden Meeresspiegel hin öffnenden Lichtungen an, gehe Steinpfade hinab, die vor kleinen privaten Buchten mit einer Absperrung enden, klettere wieder hinauf, tiefer voran im Kalkgestein. Die flache futuristische Dachschräge der Villa des Schriftstellers Curzio Malaparte ist die einzige menschliche Ansiedlung auf diesem Abschnitt der Klippen.

Der Autor hatte zunächst dem Faschismus gehuldigt und war dann beim Duce seiner unschmeichelhaften Reportagen aus der italienischen Wirklichkeit wegen in Ungnade gefallen; mit Kriegsende konvertierte er zum Kommunismus und Katholizismus zugleich. Malaparte, Sohn eines Zittauer Textilfabrikanten und einer Mailänderin, hatte seinen Namen in Umkehrung Bonapartes zum ›schlechten‹ Teil stilisiert. Seine späten Romane *Kaputt* aus dem Jahr 1944 und *Die Haut* von 1949 schildern ohne

Scheuklappen die Zustände an der deutschen Ostfront und das ruhmlose Kriegsende in Neapel. Ohne Scheuklappen ins Auge der Medusa zu sehen – das offenbar war Malapartes Impuls für den Bau der Villa an einer eigentlich unzugänglichen Stelle des Karsts, einer 32 Meter hohen Klippe über dem Meer. 1942 soll er seinem Gast Erwin Rommel gegenüber behauptet haben, nicht diese Villa, sondern die sie umgebende Landschaft habe er eigenhändig entworfen. 1963 drehte Jean-Luc Godard dort die berühmte Szene seines Films *Die Verachtung*, in der Fritz Lang sich selber spielend Homers *Odyssee* verfilmt. 1998 veröffentlichte Karl Lagerfeld ein ganzes Buch mit Hochglanzaufnahmen der Villa im Capreser Klippenkarst.

Ich schaue zum einstigen Domizil Malapartes hinab. Das Meer ist unbewegt. Der schmale ockerrote Quader wirkt von oben mit seiner breiten trapezartigen Flachdachterrasse wie eine Rampe zur Unendlichkeit, ein Landeplatz für Fluggeräte, die erst noch entworfen werden müssen.

Beim zweiten Mal ist es ungewöhnlich heiß und ich bin nicht allein. In die Stille schrauben sich die metallenen Stimmbänder von Zikaden. Die versperrten Stufen zur Villa Malaparte sind tatsächlich die letzte befestigte Spur am Scheitel des Capri-Vorgebirges. Hier ist das Ende aller Capri-Straßen erreicht, wir folgen einem Kletterpfad durch den ausgehöhlten Karst. Vereinzelte Aleppokiefern und ein mit seltenem Steineichenwald besiedelter Hang, an dessen Ende wir die Ceres-Grotte durchqueren. In den Felsnischen könnten noch kultische Öllampen flackern. Ein Ort wie geschaffen, um in Mysterien eingeweiht zu werden. Jetzt ist die wie ein Lagerplatz wirkende Ausbuchtung unter den Nischen jedoch leer. Bei Regen hätte man hier einen Ort, um unterzukriechen. Hinter dem Ceresbogen bietet sich uns wieder der Ausblick über die weißen Klippen zu den Vorgebirgen von Sorrent, Amalfi, Salerno: Rilke-Land. Der Karst ist das Gestein, das durch die Vorstellungswelt seiner *Duineser Elegien* und der *Sonette an Orpheus* geistert: ausgehöhlte weiße Klippenbögen, deren Spalten, Löcher, Schrunden sich wandelnde, wandernde, vorläufige Figuren über dem blauen Abgrund des Meeres bilden.

Gestern noch die entrückte Inselzeit Capris, von der Ankunft bis zur Abfahrt der Fähre, die Gärten, der Kalkstein, ein endloser Kreis, der zwischen dem Blau des Meeres und dem Blau des Himmels zu schweben scheint, aufgehoben. Nun im Zug die Karstorte im Süden Roms durcheilt, Fondi Sperlonga, Monte San Biagio, Privenze, karg wie auf demselben Breitengrad die Küstennester der Levante, der leicht nördliche Kalkschiefer in Kroatien. Unser Ziel: Triest.

Woher rührt, frage ich mich beim Vorbeidriften, die Begeisterung der Literatur für solche ausgeräumten Landschaften, ihre Umwertung vom schroff-hässlichen zum ›Schönen‹, für Orte, auf denen sich Leben unter isolierten und extremen Bedingungen immer wieder angesiedelt hat, für Orte des Transits, des Übergangs, des Experiments, der Utopie mit dem wenigen – die dabei zugleich als konkrete Landschaften dargestellt sind, erwandert, mit geobotanischem Wissen angereichert, keineswegs ›simuliert‹, sinnlich unmittelbar und voller Gegenwart.

Gleichwohl bildet der Karst mit seinen ausgewaschenen Hohlräumen, Trichtern, Trögen, Schüsseln, Wannen, Karren ein poröses, unsicheres Fundament. Nicht das Gestein, sondern die Hohlräume, das leere Dazwischen, die Leere selber verleiht dem Karst erst seine Struktur. Der postmoderne Zeitgeist zeigt sich angezogen vom Phänomen der sogenannten ›Entropie‹, jenes im Zweiten Hauptsatz der Thermodynamik diagnostizierten irreversiblen Wärmeschwunds, an den mich das ausgelaugte Karstgestein unwillkürlich erinnert; inwendig zerfressen, leer und unterhöhlt, bietet es nur noch die äußere Hülle des Steins – die in jedem Moment einbrechen und versinken kann. Und zur Entropie passt der empirische Befund, dass sich in den Karstdolinen in der Tat die Kälte zu verdichten scheint und dort durchgehend niedrigere Temperaturen als in der Umgebung herrschen. Bei den kältesten in Mitteleuropa registrierten Orten handelt es sich folgerichtig durchgehend um geologisch einwandfreie Karstdolinen (Grünloch bei Lunz am See, Funtensee im Nationalpark Berchtesgaden, Sonnenbühl auf der Schwäbischen Alb).

Und passen die sich neu auf Karstorten entwickelnden ›sanften‹ ökotouristischen und ökoagrarischen Strukturen nicht zum Modus der Verzögerung, des zeitlupenartigen Einfrierens der Beschleunigung? Die Wanderwegnetze quer durch die unter Naturschutz stehenden Karstgebiete, zum Beispiel entlang des Grünen Bandes an der ehemaligen innerdeutschen

Grenze oder auf verlassenen Truppenübungsplätzen, ›leere‹ Flächen, die weder für Gewerbegebiete oder intensive Landwirtschaft geopfert werden müssen, stattdessen nunmehr für ›nachhaltige‹ Bewirtschaftung, Beweidung mit alten Nutztierrassen, Wiederanpflanzung alter Streuobstsorten, Bienenzucht usw. zur Verfügung stehen, ja als Ausgleichsflächen und Brachen überregional (dank EU-Fonds) wie lokal (von der sogenannten ›Unteren Naturschutzbehörde‹ verwaltet) Förderung genießen. Der einzige ernsthaft dem Naturschutz widerstrebende Faktor bleibt lediglich die Rohstoffindustrie, weil der im Karst wie etwa dem Südharz abgebaute Gips ein begehrtes Material für Bauwesen und Zahnmedizin darstellt. Andererseits rührt gerade der Reiz vieler Karstlandschaften daher, dass ihre heutige Gestalt auch das Resultat über Jahrhunderte hinweg gemachter Eingriffe – Abholzung, Überweidung, Steinbrüche – in dieses Geosystem darstellt. Die Relikte klassischer Nutz- und Sekundär-, von Menschenhand gleichermaßen geformter wie beschädigter Landschaften sind als Reservate, geschützte Brachen oder Flora-Fauna-Habitate nunmehr dem Wirken der Naturkräfte überlassen. Die Relikte einstiger menschlicher Anwesenheit überlagern sich so mit den ohnehin vorhandenen geologischen und ökologischen Dispositionen der Landschaft.

Der Zug hat das nördliche Italien und die Ostküste des Stiefels erreicht. Ancona, die Adria. Enklave von Zeiten, die sich aus dem weißen Kreidekalk geschrieben haben. Hinter Pesaro das schöne wellige, mit Wein- und Obstgärten kultivierte Hinterland. Monselice/Veneto. Spitzkugelige Berg- und Hügelformen, bewaldet, aus dem Nichts der Ebene wachsend und sich gegen Norden zu Ketten verdichtend. Landwirtschaft wird bis an den Rand dieser Kegel hin betrieben. Wein, Rüben, Mais. Pappel- und Weidenwäldchen, lichte, offene Felderhimmel, schließlich vor dem Erreichen von Triest: Kanäle, Gräben, Leitungsmasten, regellose grüne Triebe, die den über die Erde gegossenen Zement zu sprengen scheinen, das rostige Schienen- und mürbe Schwellenwerk. Isonzo. Eine Endzeitlandschaft. Alpenkulisse. Gewitterschwüler Himmel, trist-trübe Schichten mit weißen Quellwolken und Regenwänden vermischt. An der Gebirgsfront hinter der Festung von Monfalcone, jetzt eine hässliche Industrievorstadt Triests mit Raffinerien und Pipelines, tobte über vier Jahre hinweg eine der fürchterlichsten Materialschlachten des Ersten Weltkriegs. Die Bahn überquert ein breites ausgetrocknetes Flussbett mit weißem Kiesschotter, über den ein Mann wie einer Katastrophe entronnen in seiner eigenen Zeit zu wandern scheint.

Die fast direkt aus dem Hafen steigenden Hügel geben der Stadt ihre Form. Triest ist ein Hafen mit ländlichem Hintergrund, muldig grün gestufte Karstberge mit verstreuten Gebäuden darauf, eine sanfthügelige Binnenlandschaft, als ahnte man dort nichts vom nahen Meer. Dass man dort oben im Gebirge gar eine andere Sprache spricht als hier unten am Wasser, scheint vom Standpunkt der Landschaft aus gesehen nur natürlich. Wo ist die Trennlinie zwischen beiden? Die Pracht beschränkt sich auf die parallel zur See in westsüdöstlichem Bogen verlaufenden Plätze, Flanierstraßen und Gässchen und die von Nordost aus den Hügeln zum Meer hinabrollenden Boulevards. Der ausgemusterte altösterreichische k.-u.-k.-Glanz, mit italienischen Namen versehen, Umberto I., Garibaldi, Dante, Cavour, überwintert in den Fassaden – die verschnörkelten Banken, Kontore, Lagerhäuser entlang der Seepromenade glänzen kalk- und sandsteinhell, getragen vom aus dem hiesigen Karst gebrochenen Material. Die Stadt wirkt nicht quirlig oder pittoresk wie Rom, Neapel, Florenz, in der Tat vielmehr wie die Kulisse eines untergegangenen Reichs, in dem die Nachwelt sich eingerichtet hat. Abendstille Gassen hinter der Meerespromenade, mit Bars unter freiem Himmel, die auf Flachbildschirmen die Fußballweltmeisterschaftsspiele übertragen.

Der Morgen in der Großstadt am Fuß des Mutterkarsts ist blau wie nur irgendeiner. Die Scharen Mauersegler, in alten Gebäuderitzen nistend, um die Firste, Dächertraufen, Erker schwirrend: Delfine der Luft. In der Markthalle im Norden der Piazza Goldoni bekomme ich Blumen, Honig und Gemüse aus dem slowenischen Karst, Früchte aus den Buchten der Adria, Käse von den Höfen im Hinterland, Weißbrot von den Bäckereien Triests. In der Mittagssonne sitzen wir in der Hafengegend, durchstreifen eine der hügelauf sich schraubenden Gassen hinter der alten Börse. Am heißen Nachmittag schöpfen wir die Stille des Meers aus dem Blick vom San-Giusto-Hügel hinunter zum Golf. Die Festung thront wie ein Bollwerk über der Bucht. Unterhalb der Hügelstraße gleiten Treppen zu einem weitläufigen Spielplatz mit tobenden Kindern hinab. Der Windkreisel von Pappel- und Akazienlaub im Hintergrund. Der Spielplatz führt uns schließlich zur Hafenaltstadt zurück. Städte mit wechselhafter Geschichte, Meeresstädte mit dauernd wechselnden Menschen und Gütern tragen zur Dichte der Trödelläden bei. Zwei alte Damen führen ein verwinkeltes Antiquariat. Bücher, Karten, Bildbände, Vitrinen mit Triest-Souvenirs.

Erstaunlich, dass die großen Triester Autoren, denen die Hafenmetropole Denkmäler, Museen und eigens eingerichtete Stadtwanderrouten widmet, wenig über den eigentlichen Karst zu sagen haben. James Joyce und Italo Svevo waren Stadtmenschen, der zurückgezogene Umberto Saba ein bezaubernder, Triest in seinem *Canzoniere* aus vielen Blickwinkeln einfangender Dichter. Er ist nicht blind für die Natur des Karsts und ihre Eigenheiten gewesen, besonders seine Vogelgedichte zeigen, dass er – wohl mit der Schmalspurtram bis zur Endstation Opicina hinaufgefahren – gern und oft im slowenischsprachigen Hinterland unterwegs war. Aber nicht der Karst, sondern die Stadt Triest und die leise Melancholie, die sie in ihm hervorruft, sind sein Thema: Schauplatz einer lyrischen *comédie humaine* unter der Adriasonne. Triest-Tristesse als große Poesie. Bei Rilke hingegen findet sich kaum ein gutes Wort zu Triest. Der Wiener Schmäh am Mittelmeer war ihm als Österreicher suspekt.

Der Karst als genuiner *locus* blieb den slawischsprachigen oder -stämmigen Autoren vorbehalten, welche selber aus dem Karst stammten und Triest als fremden, bedrückenden Moloch erlebten. Für die italienischen Autoren verkörperte *il carso* umgekehrt zumeist nur die slawischsprachige Fremde, die höchstens ein lokales oder landschaftliches Kolorit zum durch und durch städtischen Triest beisteuerte. Bis der zwar Italienisch schreibende, sich aber emphatisch zu seiner Herkunft bekennende Scipio Slataper mit den leidenschaftlichen impressionistischen Skizzen von *Mein Karst* hervortrat, waren die höhlenreichen Karrenplateaus und Dolinenbuckel auf dem Kopf der Hafenstadt ein höchstens von Geologen und aufmerksamen Durchreisenden beschriebenes Blatt. Mit dem jung im Ersten Weltkrieg gefallenen Slataper besetzte nun die Literatur im Jahr 1911 auch ein Gebiet, das drei, vier Jahrzehnte zuvor erst von der Geologie erschlossen worden war.

Slataper empfand sich womöglich als eine Art Walt Whitman oder Henry David Thoreau des Karsts, wenn er die Landschaft als »Trost unserer Zivilisation« beschrieb. Seinen Überdruss am ›Kerker‹ Triest hat er der sprachlosen Stille im Wacholder gegenübergestellt, »der sich vom Karst nährt«. Die Ebene im Friaul sieht er mit der Brille des Karsts: »Die Maulbeerbäume mit ihren kalkweißen Unterleibchen.« Die Unruhe, die springende, nicht festgestellte Form, das kleinteilige Voranschreiten von Detail zu Detail, dann die Schnitte, Blickwechsel, Stimmungsumschwünge reflektieren doch auch etwas von der aufgebrochenen Natur des Karsts. Slataper vermag das unwirtliche, tief zerfurchte Hinterland Triests nicht nur hymnisch zu feiern und in seiner spärlichen Botanik (Flechten, Wacholder, Thymian, seltener Enzian) aufzugehen; er *lebt* den Karst und sein vom beißenden mistralartigen Wind der Bora geprägtes Klima:

> *Der Karst ist eine Landschaft aus Kalk und Wacholder. Ein furchtbarer, versteinerter Schrei. Felsen, grau von Regen und Flechten, krumm, gespalten, spitz. Dürres Wacholdergestrüpp. Stundenlang Kalk, Wacholder. Das Gras ist widerspenstig. Bora. Sonne. Die Erde hat keinen Frieden, keine Fugen. Sie hat kein Feld, um sich auszubreiten. Jeder ihrer Versuche reißt und versinkt in den Abgrund. Kalt, dunkle Grotten. Der Tropfen, der das gestohlene Erdreich mit sich führt, fällt regelmäßig, geheimnisvoll, seit hunderttausend Jahren und weitere hunderttausend Jahre.* (…) *Presse den Mund an die Erde, und sprich nicht.*

Von der Piazza Vittorio Emanuele, wo sonst die Straßenbahn ihre Fahrt nach oben aufnimmt, trägt mich ein Linienbus nach draußen. Er kriecht die beidseits bebauten, sich endlos windenden Küstenstraßen über Schloss Miramare hinauf, das der glücklose Habsburgerherzog Maximilian I. bewohnte, der als Kaiser von Mexiko von den Soldaten des Benito Juárez füsiliert wurde. Aus dem Fenster der gasbetriebenen, um die Kurven schwenkenden, vor entgegenkommenden Wagen hupenden Karosse genieße ich die kurzen gleißenden Ausblicke über den Fächer des Golfs. Dann nähert sich der Bus einer hochplateauartigen Ebene, die im Vergleich zur Stadt menschenleer wirkt. Hinweisschilder an den Wegrändern deuten auf die touristischen Ausflugshöhlen. Busch- und Weideland, von Hecken und Steinmauern begrenzte Gevierte, dürres weites Grasland, blassgrün, grau und gelb. Ich steige an der Endstation der Linie an der Straßenkreuzung von Opicina aus und gehe durch Hohlwege zwischen sich abwechselnden Gärten- und Heckenstücken entlang. Bin ich bereits in Slowenien? Die Kiefern, die Schirmkronen trockener Akazienbäume, das Grillenzirpen machen dies- und jenseits der Grenze keinen Unterschied. Die Karsthochebene, die Grotten ebenso wenig. Die Sprache, die Geschichte, der Tod von Partisanen wie Faschisten, vor allem vieler unbeteiligter, denunzierter Zivilisten, die während des Zweiten Weltkriegs in den *foibe*, den abgründigen Schlotten und Spalten des Karsts, für immer verschwanden – sie trennen und verbinden zugleich. In Triest gibt es ein Denkmal für die Toten, einen kleinen Park mit Namen, Lebensdaten, Berufen der Verschleppten. In den Bergen soll es noch die Ruinen ganzer Dörfer geben, die in Vergeltungsaktionen von Wehrmacht und SS für von Partisanen verübte Anschläge angezündet wurden. Die Waffen-SS unterhielt zwischen 1943 und Kriegsende eine eigene Gebirgsjägereinheit, die als ›Karstjäger‹ unter der Direktive der ›Bandenbekämpfung‹ getarnt die Region mit brutalen Rache- und ›Säuberungsmaßnahmen‹ überzog.

Hier oben über der Stadt wechselt jetzt nur die Stille mit der über den Karst fauchenden Bora, an einstige Orte des Grauens erinnert nichts, als ich zwischen Sonne und Blätterschatten entlanggehe, auf leeren Dorfstraßen und Waldwegen. Eine Bäuerin harkt in einem Gemüsebeet, ein alter Mann tritt durch ein Gartentor, das von staudengroßen Ranken Weintrauben überwachsen ist. Eine Scheunenmauer aus grobem Kalkstein mit hölzernem Gebälk. Büsche sprießen durch die Ritzen, Eidechsen kleben quer über dem besonnten Gestein. Auf dem Abstellgleis des Straßenbahndepots wartet der bullige hellblaue Tramwaggon auf den noch unbestimmten Tag, an dem die abschüssigen Schienen nach Triest hinab wieder freigegeben worden sein werden.

Tatsächlich ist es eine völlig andere Welt nur ein paar Kilometer oberhalb Triests, in den Ortschaften und Weilern Prosecco, Opicina, Rugerino, Banna, Monrupino, in denen Walnussbäume, Mirabellen, Kräuter, Paprika aufgehen, grauer Karrenflysch mit abenteuerlichen Rillen, Kurven, Schneckengängen, Steinhaufen um die Gärten herum zusammengetragen sind. Es ist ein Sommer der großen Hitze, und die Steine des Karsts geben die großen Extreme des Klimas – Hitze, Kälte, Unwetter – mit doppelter Schroffheit zurück. Als hätten die Pendelschläge der Witterung sie erst so geformt, rissig, grau, durchstoßen, zerbrochen, schotterartige Massen, Schrägen, Geschiebe, die Sonne ebenso wie den Regen absorbieren, bis es sie von innen her sprengt. Dann stehen sie porös, kahl und abschüssig über dem Meer.

Hier oben im Karst spendet die trockene Vegetation Schatten, Pflaumenobst, Weißdorn, Hartriegel, Strauchheide gedeihen, die Menschen suchen unter den Wipfeln ihrer Gärten oder in der unterkellerten Kühle ihrer niedrigen Häuser Schutz. Wohl daher wirken die Dörfer nach außen so leer und ausgestorben; als hätte die Hitze sie in verborgene Bunkersysteme verwandelt, deren Leben sich ins Halbdunkel unterirdischer Gräben und Hohlwege zurückgezogen hat. Die Eigentümlichkeit der slowenischen Landschaft war aufmerksamen Reisenden schon aufgefallen, ehe sich die Bezeichnung Karst dafür durchgesetzt hatte. Johann Gottfried Seume, der im Januar 1802 auf seinem Fußweg nach Italien Ljubljana und Triest passiert, notiert im *Spaziergang nach Syrakus*:

> *Das Land ist rund umher voll von Höhlen, und wäre wohl der Bereisung eines Geologen wert. Vor einigen Jahren bauete ein Landmann Weizen auf einem schönen Feldstriche am Abhang eines Berges und erntete sehr reichlich; als er für das künftige Jahr bestellen wollte, schoß der Acker gegen zehn Klafter tief herab, und es fand sich, daß ein unterirdischer Fluß unter demselben hingegangen war, und den Grund so ausgewaschen hatte, daß er einstürzen mußte.*

Erst um die an den Ortsein- oder -ausgängen gelegenen Buswartehäuschen herum treten wieder Einzelne ins Tageslicht. Slowenischsprachige Schilder, Menschen mit Bauerngesichtern, sie schauen in die weiße kroatische Hochebene nach Südost, den südwestlichen Golf von Triest, in den mein Bus sich am späten Nachmittag wieder abwärtswindet, mit den warmen rötlichen Ziegeldächern, der sich öffnenden Bucht in ihrem Rücken. Die dem Schritttempo im Karst abgeschaute liebste Fortbewegungsart Peter Handkes ist nach dem Gehen das Busfahren, jede von ihm beschriebene Fahrt eine abenteuerliche Expedition ins Unbekannte. Ich staune über die

Verschiedenheit der unter dem Blechdach Zusammengewürfelten. Der in Opicina Zugestiegene mit grünem Shirt, langem Haar und Basecap, einem ernsttraurigen Augenpaar. Der Rentner im eleganten farbigen Streifenhemd. Die Schwarzhaarige, die ihre Augen schließt und Musik hört. Die Halbwüchsigen im Stimmbruch, die ihre ziellose Aufregung dem ganzen Bus mitteilen. Wir schwanken über Serpentinen in die Unterstadt hinab, nähern uns der Küste. »Mit sinkender Sonne legte sich der Wind und wurde zum Fächer, wie der Aufwind vom Meer im Karst, jenem anderen Hochland oberhalb von Triest«, schreibt Peter Handke in *Die Obstdiebin*. Die von Umberto Saba besungene legendäre Schmalspurtram ins Oberland ist außer Betrieb, und ich habe es kaum bemerkt.

Über das Wasser ist die Enklave von Duino nicht öffentlich zu erreichen. Wir haben die Fähre westwärts durch den Golf von Triest an den Anlegern von Miramare und Aurisina vorbei bis zur schmalen Badebucht von Sistiana genommen, dem Endpunkt der Linie. Ein kleiner Hafen, Parkplatz, die Uferstraße herauf- und hinabpolternde Limousinen, links von der Mole, auf dem schmalen verbuschten Grat zwischen Ufer und Steilklippen, einige Caravananhänger und Leute auf Liegestühlen vor ihren Wohnmobilen in der prallen Junisonne. Die steile Serpentinenstraße windet sich die Klippen hinauf; das verkarstete, strauchige Hinterland reicht oben bis zur Küste heran. An der Straßenkreuzung oben mit Shell-Tankstelle, Baumarkt- und Gewerbeflächen deutet sich gegen Norden die schier endlos schräg ansteigende kahle Hochebene an. Unser Fahrer hält hinter einer Kurve und deutet nach links, wo eine verbarrikadierte Schneise den Streifen niedrigen Wacholder- und Pinienwalds durchquert. An dessen Ende fällt die Steilküste ins Meer; der von uns gesuchte Pfad ist ein schmaler Saum am Rand der Wacholderbüsche, unter dem die Tiefe gähnt.

Der ›Sentiero Rilke‹ führt uns einige Kilometer quer über die Klippen bis vor die Schlossmauern. Wir sind die Einzigen, die im grauen, kollernden Karrengeröll hundertfünfzig Meter über dem Meer zwischen Ginster- und Zypressendickicht herumklettern. Es ist hoher Mittag auf der still wirkenden Wasserfläche, wo sich der hellblaue Flaum der Wellen und das heitere Gekräusel der Wolken im Unendlichen begegnen. Sommeranfang,

Sonnenglast, flimmernde Luft. Was ins Ohr schneidet: das geradezu ohrenbetäubende Zirpen der Zikaden, ein Stimmbandwetzen über trockenem stumpfem Fels. Wie steingewordener Schweizer Käse wirken die bizarren Löcher, Furchen, Rillen des aufgetürmten Flysch. Archaischer Schotter, an dem Wind, Meer, spärlicher Bewuchs von Flechten, Ginster, Disteln, Rosmarin reiben. »Steinig sei mir zu Mut«, notierte Rilke 1913 in seiner *Spanischen Trilogie* während des Aufenthalts in einem anderen Karst, dem Hochplateau von Ronda in Kastilien.

Wie eine fluoreszierende, wimmelnde, schwarze Säule kreist die aberwitzig große Schar von Mauerseglern, schon von Weitem sichtbar, um den alten Turm aus Kalksteintrümmern, das Wahrzeichen des Schlosses. Als wäre es ihr Heiligtum, ihre Kaaba mitten im Karst. Am schweren hölzernen Hoftor, dessen Flügel offen stehen, leuchtet das blau-weiß geschweifte Wappen des Adelsgeschlechts von Thurn und Taxis, den Erfindern des modernen Depeschenwesens, Inhaber von Post- und Wegekonzessionen quer über den europäischen Kontinent vom Ende des Mittelalters bis zur Zeit des Wiener Kongresses. In der Billetterie hinter dem Torbogen Postkarten, Broschüren, Andenkenständer. Die *Duineser Elegien* rezitiert, gesungen, vertont. Die *Duineser Elegien* auf Deutsch und Russisch. Die *Duineser Elegien* erklärt. Die *Duineser Elegien* illustriert. Die *Duineser Elegien* mit Rilke-Porträt als Umschlagmotiv.

In Richtung Klippen und Schloss erstreckt sich zur Linken ein Blumenspalier, zur Rechten bis hart an die Klippen ein Parkrondell. Im Schlosshof das Gefühl, den allgegenwärtig umhersirrenden Seglern noch nie so nahe gewesen zu sein. Ihre windschnittigen Fluchten um Risse, Ritzen, Fugen, Ziegelschlote, irre, unvorhersehbare Volten und Bögen schlagend, ziehend, drehend, surrend. Unendlich akrobatische Paraden wie jene der Picasso'schen Artisten, unter deren Konterfei Rilke später im Pariser Domizil Hertha Königs seine fünfte Elegie notierte: »Engel: es wäre ein Platz, den wir nicht wissen, und dorten, / auf unsäglichem Teppich, zeigten die Liebenden, die's hier / bis zum Können nie bringen, ihre kühnen / hohen Figuren des Herzschwungs, / ihre Türme aus Lust, ihre / längst, wo Boden nie war, aneinander / lehnenden Leiter, bebend« – ist in den Versen nicht auch ein Abglanz jenes Mauserseglerflugs enthalten, der Rilke nach dem Ende seines ersten Winterhalbjahrs hier im Karst im Frühsommer 1912 genauso überrascht haben muss, wie er uns jetzt überrascht?

Unter dem steinernen Mauerbogen zum Schlosshof klebt ein Schwalbennest, am Mauerwerk der dunklen Durchfahrt haftet die schwarze Silhouette eines Skorpions. Vom Balkon des Schlosses der Blick direkt auf Meer und Klippen: weiße senkrechte Säulen, vielleicht den Engelsfiguren ähnelnd, die den Dichter hier angerufen haben wollen, als er die *Elegien* niederzuschreiben begann. Und das allgegenwärtige Mauerseglerscharengeschwirr als eine Spur, eine Fährte des engelsgleichen Urgeräuschs? Hier über dem Karst, vom Sentiero Rilke bis zum Schloss, ist es zu hören wie nirgendwo sonst, als übte der alte Turm eine magische Anziehungskraft auf die Vögel aus. Zweifellos gehen wir in der richtigen Jahreszeit durch diesen singenden, klingenden Karst. Doch wie hört er sich im Winter an, mit nichts als Wind und Wellen gegen die Klippen brausend, von unten herauf, gegen den Frost drückend, gefrorenes Wasser im Gestein, vielleicht das Springen und Reißen gefalteten Kalks, das sich, ein seismisches Klirren, bis tief ins Gebälk hinauf überträgt? Anwesenheit und Abwesenheit der Vögel, beides gleichermaßen kaum zu überstehen. Bei Rilke heißt es:

Und sieh die halbe Sicherheit des Vogels,
der beinah beides weiß aus seinem Ursprung,
als wär er eine Seele der Etrusker,
aus einem Toten den ein Raum empfing,
doch mit der ruhenden Figur als Deckel.
Und wie bestürzt ist eins, das fliegen muß
und stammt aus einem Schooß.
Wie vor sich selbst
erschreckt, durchzuckts die Luft, wie wenn ein Sprung
durch eine Tasse geht. So reißt die Spur
der Fledermaus durchs Porzellan des Abends.

Die *Duineser Elegien* sind, wie hier am Ende der achten Elegie, von solchen kühnen Bildbrüchen und Diskontinuitäten bevölkert, plötzlichen Kollisionen von disparaten, wie an einem Hochseil aufgespannten Bildern, die zwischen den Flugbahnen der Vögel und Fledermäuse und den Tuff- und Kalkhöhlen der archaischen Etrusker auf einen Sinn zusteuern, der in der Schwebe bleibt. Sobald er sich zu konkretisieren scheint, schiebt sich ein neues Bild oder eine Assoziation davor, die ihn erneut suspendiert. Darin liegt einer der Gründe, weshalb man mit den *Elegien* nie fertig wird. Wie sollte es anders sein, Rilke selbst hat sie über ein Jahrzehnt mit sich herumgetragen. Die unmittelbar im Karst von Duino notierten ersten beiden Elegien sprechen eine eigentlich unzumutbare Ur-Erfahrung aus, den Zusammenprall von Schönheit und Schrecken in *einer* Figur. Aus ihr perpetuiert sich der bis zum Schluss ungelöste Widerstreit dieser Gedichte, die gleichsam mit gespanntem Bogen beginnen:

Wer, wenn ich schriee, hörte mich denn aus der Engel
Ordnungen? und gesetzt selbst, es nähme
einer mich plötzlich ans Herz: ich verginge von seinem
stärkeren Dasein. Denn das Schöne ist nichts
als des Schrecklichen Anfang, den wir noch grade ertragen,
und wir bewundern es so, weil es gelassen verschmäht,
uns zu zerstören. Ein jeder Engel ist schrecklich.

Gehört es nicht ebenso zur Natur des weißen, ›engelsfarbenen‹ Karsts, wo diese Verse entstanden, in demselben Maße schön zu sein, in dem er zerfällt und auseinanderbricht – und also ›schrecklich‹ ist? Seiner ehemaligen Capreser Gastgeberin Alice von Nordeck schreibt er, wie sich für ihn mit dem Duineser Winter das frühere Erlebnis der Sireneninsel und des dortigen Karsts wiederhole. Sowohl in Duino wie schon auf Capri bedeutet das für Rilke, der in den Großstädten Prag und Paris zu Hause gewesen war und in *Die Aufzeichnungen des Malte Laurids Brigge* die Kälte und Unbehaustheit der urbanen Lebenswelt eindringlich zur Sprache gebracht hatte, eine ganz andere, nicht künstlich, sondern von der Natur selbst provozierte Unbehaustheit. Auf Capri und in Duino erlebt er den Aufenthalt im Karst als Rückzug in elementarste, dem modernen Komfort fremde Wetter- und Lebensbedingungen. »Nun bin ich wirklich seit vorgestern ganz allein in dem alten Gemäuer, draußen das Meer, draußen der Karst, draußen der Regen, vielleicht morgen der Sturm –: nun soll sichs zeigen was innen ist als Gegengewicht so großer und gründlicher Dinge«, schreibt Rilke am 14.12.1911 an Elsa Bruckmann.

Die rätselhafte Zeile am Beginn der vierten Elegie könnte somit auf ein Bild aus der Archaik seiner Karst-Refugien anspielen: »O Bäume, o wann winterlich?« Im Juni 1912 resümiert er aus Venedig gegenüber Helene von Nostitz den Aufenthalt in Duino mit dem Bild vom Ausgesetztsein im prähistorischen, sozusagen ungeschützten Raum, auf den er sich auch in anderen Briefen rückblickend bezieht und der besonders die ersten vier Elegien durchdringt:

> *Sie müssen wissen, dass ich den ganzen Winter über im Karst am Meer gewesen bin, ganz allein in einem alten starken Schloss meiner Thurn und Taxis; seltsame Monate, von denen sich erst später wird sagen lassen, was sie etwa an mir geleistet haben. Es war eine Einsamkeit von unendlichem Umfang, da auch eigentlich keine Natur da war, auch der Raum über der sehr wenig bewegten Bucht war nur eine negative Form, in der die Winde sich ausgossen, für einen Moment dastehend in der Gestalt ihres Andrangs.*

In der ersten Elegie ist, analog zu diesem Eindruck von der »negativen«, »keine Natur« zulassenden Form des Karsts, etwa vom »Wehende[n]« die Rede, »die ununterbrochene Nachricht, die aus Stille sich bildet«; auf den »Höhenzüge[n], morgenrötliche[n] Grate[n]« der zweiten Elegie »[f]änden auch wir«, so gleichwohl die implizite Hoffnung, »ein reines, verhaltenes, schmales / Menschliches, einen unseren Streifen Fruchtlands / zwischen Strom und Gestein«. Und die elementare Verwandtschaft des »Mädchens« am Ende der dritten Elegie hat ihre Entsprechung in elementarer Landschaft: »daß wir liebten in uns, nicht Eines, ein Künftiges, sondern / das zahllos Brauende; nicht ein einzelnes Kind, / sondern die Väter, die wie Trümmer Gebirgs / uns im Grunde beruhn; sondern das trockene Flussbett / einstiger Mütter –; sondern die ganze / lautlose Landschaft unter dem wolkigen oder / reinen Verhängnis«. Die Begegnung der »Liebende[n]« in der vierten Elegie schließlich ereignet sich an »Ränder[n], eins im andern, / die sich versprachen Weite, Jagd und Heimat. / Da wird für eines Augenblickes Zeichnung / ein Grund bereitet, mühsam, / daß wir sie sähen; denn man ist sehr deutlich / mit uns. Wir kennen den Kontur / des Fühlens nicht, nur was ihn formt von außen.« All dies scheint mir ein Widerhall jener einsamen

Wintermonate im Karst über dem Meer zu sein. Duino ist in diesem Sinn Inbegriff des Welt-Erfahrungs-Raumes (gr. *noûs*), der die Gedichte umschließt.

In diesem Karst findet Rilke die mit den Bildern und Gedankenfiguren seiner *Elegien* korrespondierende Landschaft. Über die Verschränkung von »Enge« und »purer Tiefe«, die ihm »die eingewohnte, von Erinnerungen dichte Welt mit dem Fenster ins ganz Große« in Duino schenkt, reflektiert er im Brief an Marie von Thurn und Taxis vom Winter 1910 als Voraussetzung seiner inneren Raumerkundungen: »Das Enge bedeutet viel, und das Unendliche wird dadurch eigentümlich rein, frei von Bedeutung, eine pure Tiefe, ein unerschöpflicher Vorrat von seelischen Zwischenräumen.«

Nur die ersten beiden Elegien entstehen tatsächlich in Duino, die weiteren an wechselnden Orten, zuletzt auf dem Château de Muzot in der Schweiz, wo Rilke auch die *Sonette an Orpheus* verfasst. Nachdem das Schloss von Duino im Ersten Weltkrieg von einer Fliegerbombe getroffen worden war, die jedoch den alten Turm unversehrt ließ, und das Territorium des ›österreichischen Küstenlands‹ an Italien und Jugoslawien übergegangen ist, lässt Rilke Marie von Thurn und Taxis wissen, dass er die *Elegien* nicht in der Weise habe vollenden können, wie ihm das der nunmehr verlorene Aufenthalt über dem Karst gestattet haben würde. Denkt er auch nicht in Duino, sondern zwei Jahre nach Duino, 1912/13 beim Aufenthalt im kastilischen Toledo und Ronda, am intensivsten über korrespondierende Landschaften nach, so beschwört vieles von dem, was er am spanischen Hochland wahrnimmt, Parallelen zum Triester Karst herauf. Während er »noch« an den *Elegien* arbeitet, findet er in der Meseta »diese offene Menge der Landschaft, übersehbar wie etwas, woran noch gearbeitet wird (…), bei Tag füllt die Sonne alles, was an Klarheit da ist«, schreibt er am Allerseelentag 1912 an Marie von Thurn und Taxis. Was ihm in Toledo räumlich widerfährt, führt er, wenn auch in biblische Dimensionen überhöht, auf die Duineser Spur zurück – bis hin zur Begegnung mit dem Schutzheiligen der Schrift, der ihm wie aus kommunizierenden Röhren entgegentritt:

> *Diese unvergleichliche Stadt hat Mühe, die aride, unverminderte, ununterworfene Landschaft, den Berg, den puren Berg, den Berg der Erscheinung in ihren Mauern zu halten, – ungeheuer tritt die Erde*

aus ihnen aus und wird unmittelbar an ihren Toren: Welt, Schöpfung, Gebirg und Schlucht; Genesis. (...) Und (...) so staun ich immer noch, wie sehr ich auf jedes Einzelne vorbereitet war (...). Denken Sie, daß (...) ganz zuletzt noch jemand von einem Christophorus zu erzählen sich anstrengte, der in der Nähe Duinos die Höhe einer ganzen Kirche einnehmen soll: wo ich nun hier in der Kathedrale jeden Tag unter dem riesigen Cristóbal sitze, der auch wirklich bis an den Ansatz der Wölbung reicht.

Rilke, der seine Herkunft auf »sächsischen Gruben-Adel« (an Thurn und Taxis, 3.8.1912) zurückführt und sich als »mühsamen Geologen« bezeichnet, der »immer mehr nur den Berghammer und seinen Klang am Gestein bald nur noch am Gestirn« habe (an Karl von der Heydt am 15.3.1913 aus Paris), bleibt mit Landschaft und Höhlenwelt des Karsts auch im den *Elegien* folgenden Zyklus seiner *Sonette an Orpheus* verbunden. Im elften Gedicht des zweiten Teils wird der Karst, prominent als Reimwort platziert, zum Raum einer todbringenden Überwältigung, die sich zugleich aber auch als mögliche Offenbarung entpuppt:

Manche, des Todes, entstand ruhig geordnete Regel,
weiterbezwingender Mensch, seit du im Jagen beharrst;
mehr doch als Falle und Netz, weiß ich dich, Streifen von Segel,
den man hinuntergehängt in den höhligen Karst.

Leise ließ man dich ein, als wärst Du ein Zeichen,
Frieden zu feiern. Doch dann: rang dich am Ende der Knecht,
– und, aus den Höhlen, die Nacht warf eine Handvoll von bleichen
taumelnden Tauben ins Licht ... Aber auch das ist im Recht.

Fern von dem Schauenden sei jeglicher Hauch des Bedauerns,
nicht nur vom Jäger allein, der, was sich zeitig erweist,
wachsam und handelnd vollzieht.

Töten ist eine Gestalt unseres wandernden Trauerns ...
Rein ist im heiteren Geist,
was an uns selber geschieht.

Die, ungewöhnlich genug, dem Sonett beigefügte Anmerkung klärt über die Herkunft des erschreckenden, seltsam feierlich vorgetragenen Tötungsrituales auf:

> *Bezugnehmend auf die Art, wie man, nach altem Jagdgebrauch, in gewissen Gegenden des Karsts, die eigentümlich bleichen Grotten-Tauben, durch vorsichtig in ihre Höhlen eingehängte Tücher, indem man diese plötzlich auf eine besondere Weise schwenkt, aus ihren unterirdischen Verstecken scheucht, um sie, bei ihrem erschreckten Ausflug, zu erlegen.*

Was in der buchstäblich *umständlichen* Fußnote ein normaler Vorhang von »Tüchern« ist, wird im Gedicht zum »Streifen von Segel« und beschwört so die Verbindung zwischen Karst und Meer herauf, wie sie den Orten Capri und Duino eigen ist. Das Schwenken der weißen Tücher wird im Gedicht für einen Moment zum verheißenen »Zeichen, // Frieden zu feiern« – bis klar ist, es war nur ein Mittel, um die Vögel aus ihrem Versteck ans Licht hinaus zu locken. Rilke apostrophiert das Tuch, als unterhielte sein lyrisches Subjekt eine privilegierte Beziehung zu ihm. Unentschieden bleibt, wem er nähersteht, dem Jäger oder dem Gegenstand der Jagd, der Höhlentaube. Es ist am Ende wohl eher sie, mit deren Schicksal er sich beziehungsweise »uns« in den beiden Schlussversen identifiziert. Die Offenbarung, die der Karst liefert, ist zweischneidig, wohl auch zwielichtig, eine Schwellenerfahrung, von der wir nie je erfahren, ob sie Erkenntnis spendet oder Täuschung bleibt – oder ob beides angesichts des Todes in eins fällt.

Auf jeden Fall eignet seinem Karst eine elementare Unmittelbarkeit und »Wahrheit« (selbst in der Täuschung oder im Schrecken), die dem »Platz in Paris« fehlt, »wo (...) Madame Lamort (...) Rüschen, Blumen, Kokarden, künstliche Früchte –, alle / unwahr gefärbt, – für die billigen / Winterhüte des Schicksals« flicht, wie es in der fünften Elegie heißt. Rilkes überliefertes Misstrauen gegen Triest ist gleichermaßen von der Einsamkeit, Archaik und Leere des Karsts motiviert, an dem sich das großstädtische Treiben bricht.

Von einer rückwärtigen Mauerbrüstung des alten Turmes blicke ich über das Duineser Hinterland. Karge buschige Macchia, eine weite, trockene, ockerfarbene Oberfläche, die sich nordwärts über einen endlos leeren Bergrücken unter dem heißen Nachmittagshimmel spannt. Zur Seeseite hin sind in der unter dem Felssporn des Schlosses in den Stein geschnittenen Bucht Badende zu sehen. Ich frage einen der im Schlosshof Beschäftigten, wie man da hinab gelangt. Um dort baden zu können, muss man mit dem Boot übergesetzt haben. »Sie müssen schon ein Seil nehmen und hinabklettern, wenn Sie von hier aus hinunter wollen«, macht mir der Kustode augenzwinkernd klar.

Hinter der Außenmauer des Schlosses führt jedoch ein Pfad über Steintreppen und Stahlleitern in einen stollenartigen Schacht mehrere Meter in die Tiefe hinab. Zwischen 1943 und 1945 war hier unterirdisch eine Kampfeinheit der deutschen Kriegsmarine postiert. Die Höhle ist gut ausgebaut, wie ein breiter Bunker in den Kalk gefräst, in mehrere Räume geteilt. Die Reste einer bräunlich angeschimmelten Reichskriegsflagge, ein rostiger Stahlhelm, Reste von Rohrleitungen, eine vor Kurzem angebrachte Tafel, welche die Kriegsereignisse zusammenfasst. Duino gehörte gegen Kriegsende mit Triest zur von der Wehrmacht kontrollierten Republik von Salò, dem letzten, ständig schrumpfenden Rest des faschistischen Italiens. Der Bunker ist von Zwangsarbeitern der sogenannten ›Organisation Todt‹ ausgehoben worden, welche die von den Deutschen besetzten Küstenstreifen unter monströsem Verschleiß an Material und Arbeitskraft gegen die Angriffe der Alliierten zu sichern suchte. Ich taste über die feuchten Kalkwände. Am Boden finden sich Anhydritaufschlüsse, Wölbungen, schlottenartige Löcher. Der Bunker öffnet sich gegen eine Mauerbrüstung zum Meer hinaus, das in fünfzig Metern Tiefe gegen den weißen Sporn brandet. Indifferente sommerliche Bläue, ein Schmetterling verliert sich zwischen blühenden Kakteen. Wir sind jetzt unterhalb des Schlossgartens und der über den Golf blickenden Fensterbalustrade. Beim Zurückgehen sehe ich die in den Fugen des Deckengesteins hängenden Fledermäuse. Sie überwintern im Sommertag.

Diese Tage, die leer dir scheinen
und wertlos für das All,
haben Wurzeln zwischen den Steinen
und trinken dort überall.

Paul Valéry, *Palme,*
deutsch von Rainer Maria Rilke

4 – Westen: Zentralmassiv

Die eiserne Spindel der Wendeltreppe endet im zweiten Stock vor einem schmalen Hinterhofappartement; vom Hochbett blicke ich auf das Karomuster schwarz-weißer Flurkacheln, Minze blüht im Blumenkasten am Küchenfenster, Handwerkergeräusche dringen aus dem unterhalb gelegenen Atelier herauf, später begleiten Stimmen den Werkzeugtakt. Hinter der weißen, sonnbeschienenen Mauer ragt der Wipfel einer Kiefer wie aus blauer Ferne. Wir wohnen im Norden von Paris, oberhalb des alten Stadthafens, der Speicherstadt des Bassins de la Villette, wo anstelle der einstigen Barkassen heute Kinos und Clubs den Kanal bevölkern, in einer von der Metrostation La Défense auf die Buttes Chaumont zusteuernden Straße – jenem einstigen Kalksteinbruch, den die Stadterneuerer Ende des 19. Jahrhunderts, im Zeitalter der Passagen, in eine bizarre Parklandschaft verwandelten. Inmitten der Buttes Chaumont gibt es künstliche Höhlen und Grotten, Felsblöcke, die sich zu Gipfelgraten türmen, Wasserfälle und Schluchten, die verschiedensten Szenerien drängen sich auf engstem Raum. Und aus jedem Winkel fällt ein anderer Blick auf das, was von der Stadt noch übrig ist, obwohl dieser Steinbruch doch mitten in der Stadt liegt, ja nichts als Stadt weit und breit vorhanden ist. Die Buttes sind ein urbanes Paradox, eine Art von künstlich angelegtem Karst, wenn man so will, angereichert mit Zugaben und Zitaten anderer Naturräume, die nebeneinander kaum vorkommen oder sich gegenseitig gar ausschließen würden, hier aber eine traumartige Symbiose eingehen.

Vor dem Eingang des Parks verkehren Busse und die Metro zum Zentrum, gleichwohl habe ich das Gefühl, nach außen getreten und entrückt zu sein. Die Buttes Chaumont liefern keinen Aufschluss über den Karst im geologischen Sinn, aber in ästhetischer Hinsicht ist ihre absolut artifizielle

Konstellation eine Blaupause für die Poetik der Surrealisten gewesen. Die Hälfte von Louis Aragons *Paysan de Paris*, auf Deutsch als »Der Pariser Bauer« oder »Pariser Landleben« bekannt, ist dem »Naturgefühl auf den Buttes Chaumont« gewidmet. Nächtlich durch Grotten und Schluchten zu spazieren, Zeilen von Lautréamont auf den Lippen, während am Ausgang die Metro wartet (die ihrerseits durch eine Art von Grotte saust) – das war für diese Apologeten der Stadt als Landschaftsraum schon einem Ausflug in den Karst vergleichbar. Natur ist für sie unwillkürlich Teil jenes künstlichen großstädtischen Universums, das unsere Imagination kultiviert, jenseits davon ist sie gar nicht vorstellbar. Natur ist somit nicht das Gegenteil von Stadt, die in ihren Augen selber immer schon ein Naturraum ist und als solcher beschrieben werden kann: Hier eilen die Surrealisten dem Urban Gardening, Stadtimkern und den Studien urbaner Wildnis von heute voraus.

Mag Aragons Begeisterung für das artifizielle Naturgefühl auf dem Kalksteinbruch der Metropole inzwischen selber historisch geworden sein, ein literaturgeschichtliches Zitat, so lenkt es doch den Blick auf die Art, unter welchen Voraussetzungen wir eigentlich Natur wahrnehmen. Natur ist kein voraussetzungsloser Gegenstand und auch nicht der diametrale Gegensatz zur Kultur, auf den ihn die begriffliche Abstraktion reduziert, sondern als Vorstellung mit einer ihr eingeschriebenen Begriffsgeschichte selber Teil der Kultur, die folglich das, was wir meinen, wenn wir von Natur reden, schon in sich birgt und aus sich hervorbringt. Natur ist ein Teil unseres sich wandelnden kulturellen Imaginariums. Die Stadt selber ist Landschaft, in der wir einer Natur begegnen, wie unsere Begriffe und Technik sie hergerichtet haben. Von Aragons Naturgefühl auf den Buttes Chaumont führt eine direkte Linie zu den Naturvorstellungen des späten 18. Jahrhunderts, zur Zoologie Buffons einerseits und der Kulturkritik Rousseaus andererseits. Die Stiche von Säugetieren und Vögeln in Buffons *Histoire naturelle* vereinigen anatomische Korrektheit mit den Regeln der Kunst und holen eine quantifizierbare Vorstellung von Natur in den Bücherschrank. Im alten Gebäude des Zoologischen Museums im Jardin des Plantes sind die von Buffon und Cuvier für ihre Studien herangezogenen Skelette, Knochen und Schädel in einer langen zweistöckigen Saalflucht ausgestellt, die wie ein Zeitstrahl durch die Haupt- und Nebenlinien, die Kuriosa und Monstrositäten der Evolution führt. Vom Gürteltier bis zum Flugsaurier, vom Haifisch bis zum sibirischen Mammut reihen sich die Gebeine unter den hohen, in Stahlrahmen gegossenen Fenstern auf den nach dem Spiritus und Karbol der Vitrinen und Schaukästen riechenden Fluren wie in einer stummen Parade aneinander, sodass ihnen die verschiedenen Grotten, Gruben und Steinbrüche des Planeten, wo man sie einst ans Tageslicht hervorholte, nicht mehr ansieht. Eine gespenstische Aufstellung, das Zoologiebuch als Präparat und dreidimensionales *tableau morte*, das einen seltsamen Kontrast zum seine lebhaften Schatten durch die Scheiben werfenden Park im Tageslicht darstellt. Auch wenn Rousseaus *Träumereien eines einsamen Spaziergängers* wenig von seinem Zeitgenossen Buffon wissen wollen, so sind doch auch sie unbewusst von einer ähnlichen Idee künstlich normierter Natur inspiriert: von der vermeintlich ›freien‹, ›wilden‹ Landschaftsinszenierung englischer Parks und Gärten, die Rousseaus empfindsames Alter Ego auf die seit Langem schon kultivierten Schweizer Seen und die sublime Alpenkulisse überträgt.

Im südfranzösischen Montpellier steigen wir auf die Terrassen der Promenade du Peyrou. Sie bilden, auf dem Dach des Altstadthügels gelegen, einen großen, nach allen Himmelsrichtungen hin offenen Park, dessen Herzstück ein Spalier großer, alter Magnolienbäume auf dem unteren Terrassenpodium bildet. Die Blütenkapseln der Magnolien sind am Aufbrechen und verströmen einen betörenden Duft. Zur Idee des Parks gehört es, das Schöne der Natur in Blickachsen zu bündeln und gleichsam konzentriert den Betrachter darin eintauchen zu lassen. Es gibt aber nicht nur das visuelle Naturkonzentrat der Blickachsen, ebenso erfahre ich hier im Konzentrat der Blüten die Duftachse des Parks.

Was zieht mich ausgerechnet nach Montpellier? Sicher, die nahen Hochebenen der Causses und die Wälder der Cevennen sind die wohl weitläufigsten Karstlandschaften Frankreichs, doch es gibt andere spektakuläre Orte, das Karrenfeld von Larra am Fuß des Pic d'Anie in den Pyrenäen etwa oder die prähistorischen Höhlen der Ardèche, die von hier aus nun abseits unserer Route liegen. Hat es damit zu tun, dass ich vor zwanzig Jahren von der Auvergne kommend, quer über das Zentralmassiv trampend Montpellier nur knapp verfehlte und stattdessen bereits in Millau in den Zug nach Paris gestiegen bin? Sind es die hypnotischen Beschreibungen der Grandes Causses, die ich bei Julien Gracq gelesen habe? Etwas von jener damaligen Durchquerung muss in mir verblieben sein, das mich zur Rückkehr in diese Gegenden zwingt. Ich erinnere mich an das irre sonnverbrannte Gesicht des Schäfers in seiner schwarzen Kluft am Fuß des menschenleeren Mont Lozère, seinen unverständlichen Zuruf, als stünden meine Frau und ich einem der letzten bocksfüßigen Satyrn gegenüber, die die Herden des großen Pan bewachen, an das Kamisardenstädtchen Florac, von dem auch Robert Louis Stevenson auf seiner Cevennenüberquerung per Esel schreibt, und an den kahlen, mit Muscheln und Trilobiten aus dem Karbonmeer übersäten Kalkschiefer, der die Fußabdrücke von Dinosauriern konserviert, an das Städtchen Marvejols am Nordwestrand der Causses, Mitte der 1980er-Jahre Kulisse für Jean-Jacques Beineix' Amour fou *Betty Blue – 37,2 Grad am Morgen*, an die Worte »ich liebe dich – je t'aime – te quiero« auf chamoisfarbenen Mauerputz gekritzelt und daneben das Denkmal, dessen Inschrift die zwischen 1941 und 1944 von den Deutschen ermordeten Bahnhofsangestellten von Marvejols aufzählt.

Ich sitze geruchsbetört an den schweren breiten Magnolienstamm mit seinen grobschaligen Rindenknorpeln gelehnt und sehe den zwischen Blättern und Blüten summenden Bienen zu. Die von wehrhaften alten Kalkfassaden erfüllte Metropole des Languedoc, der klassizistische Triumphbogen auf der oberen Terrasse: ein Monument der endgültigen Unterwerfung des häretischen Südfrankreich unter die Pariser Zentralgewalt während der Regentschaft des Sonnenkönigs. Im Westen die Pyrenäen und die aquitanischen Landes gelegen, im Osten schließt sich die Provence an, mit Petrarcas Mont Ventoux oberhalb von Avignon und der Sainte-Victoire und dem Massif de la Sainte-Baume im Nordosten von Aix-en-Provence. Der Kalk als maritimes Grundsediment im großen Becken zwischen den Hochgebirgsmassiven der Alpen und Pyrenäen sorgt für den zwischen Mittelmeer und Zentralmassiv vorherrschenden hellen Grundton, dieselbe laub- und strauchreiche, an Kargheit gewöhnte Vegetation, die allgegenwärtige zähe Üppigkeit, Steineiche, Esskastanie, Thymian.

Der Kalk und seine Varietäten sind zugleich weithin auf der gesamten Oberfläche des französischen Hexagons vorherrschend; das Pariser Becken und die Île-de-France ruhen auf Kalk, die östlich vorgelagerte Champagne auf Schwemmkreide, die nördliche Picardie ist ein teilweise verkarstetes Plateau, auf Kalk gedeihen die Reben des Bordelais, des Rhônedeltas und des Languedoc; große Teile der Bourgogne und des Zentralmassivs sind ebenso wie der provenzalische Süden vom Kalk geformt. Der weiße Kalkschutt des Mont Ventoux fordert heute die Waden der Tour-de-France-Etappenhechte heraus und ist eine Landmarke im doppelten Sinn: Symbol der Provence und ihrer Landschaften, und zugleich Ort der ersten aus reiner Schaulust dokumentierten Bergbesteigung wider Willen.

Die Terrassen von Montpellier bieten einen königlichen Blick über die Geografie des südlichen Frankreichs, dem von hier aus betrachtet noch immer etwas Urtümliches, Weites und Wildes innewohnt, die ›grandes surfaces‹ genannten Gewerbegebiete und Agglomerationen der Vorstädte treten gegenüber den langlebigen Bodenformen, langhin gestreckten Bergmassiven und Plateaus zurück. Der Norden ist bis ans Ende des Horizonts dunkelgrün-blaue, dichte südliche *garrigue*, in der sich das Auge verliert wie die hier auf der Promenade endenden Bögen des spätrömischen Aquädukts, das einst Wasser aus den Bergen hierherbeförderte. Mauersegler schießen durch den tiefblauen Äther, senken sich, ohne zu bremsen, zur Oberfläche des Zierfischbassins am Triumphbogen, um sich mit Wasser zu netzen, steilen von da wieder auf ihrer Sichelbahn empor, verlieren sich im gleißenden Zenit, es ist, als hätten *sie* mir den Stift im aufgeschlagenen Notizbuch geführt ...

Die Mauersegler holen den Himmel
unter die Dächer herein, die Mauern
aus Muschelkalk einen Sommer
ins Absolute hinaus geöffnet,

das die Augen mit Verlangen füllt,
was den Tag lang auf der Zunge liegt,
ohne dass es über die Lippen geht,
Wort, das in keiner Rätselspalte steht,

die Lexika und Suchmaschinen
überspringen es, schweigen sich aus, als
wär es übersehen und bloß da, wie
der Himmel, der Hintergrund, über den

man keinen oder zu viele Gedanken
verliert: da und fehlt zugleich,
weil du, greifst du nach dem, was du siehst,
ins Leere greifst, das von den

sirrenden Vögeln durchschossen ist,
als wollten sie zeigen, es sei
der Stoff, den sie spinnen, ihr Element,
und nichts dahinter, das uns betrifft,

doch wir schauen weiter ins Leere
oder staunen die Mauern an, die
nichts verbergen, was nicht schon geschrieben steht,
vom Verlangen, dem Meer, dem blauen Hintergrund.

Der Sommertag flimmert. Die Zikaden flirren, als wollten sie der Hitze eine akustische Entsprechung geben. Der aus der Landschaft der *Garrigue* im Norden ragende weiße Berg ist eine Sainte-Victoire oder ein Mont Ventoux von Montpellier, der Pic Saint-Loup, eine steil nach Osten geneigte schanzenartige Flanke, die erste Erhebung, auf die das okzitanische Hinterland zuläuft, den Cevennen vorgelagert. Erst dort bei diesem Kalkmassiv beginnt der eigentliche Karst. Bis dahin erstreckt sich das flache Küstenbecken der Salinen und der Camargue, angeschwemmte Schilf-, Weide- und Felderstreifen, zersiedelt, aus dem Kalk der Berge abgetragene fruchtbare Fläche, gleichsam der Poljenkessel einer monumentalen Doline, die ›Grands Causses‹ heißt, das Karsthochland, in das es mich zieht, der Landstrich, welcher doch der eigentliche Grund meines Hierseins ist.

Das Relief Montpelliers hat wenig gemeinsam mit dem Weichbild von Triest, Triest ist Küste und Karst, Küste als Karst, in die Stadt hineinragender, sich förmlich von der istrischen Peripherie kommend bis in die Straßenzüge hineinfressend, allgegenwärtig, ob als zerklüftete Klippenstruktur oder unmittelbares Hochlandshinterland, zwischen Wasser und Stein gepresste Stadt. Das von den salzigen Marschen, Seen und Niederungen der Camargue umgebene Montpellier hingegen verliert sich in der Ebene, berührt weder Küste noch Berge ganz. Es gehört so wenig dem Meer an wie dem Karst. Beide Erscheinungen zeigen sich wie platonische Ideen, von fern, liegen jedoch hinter den Grenzen der Stadt, sind ein Ziel in der Landschaft, das man nicht zu Fuß oder mit der Seilbahn erreicht. Der Karst im Hochland hinter Montpellier füllt von der Promenade du Peyrou ausgehend den gesamten nördlichen Horizont, ein breit gestreckter Inlandskarst ohne Kontakt zum Meer, der umso weitläufiger wird, umso verzweigter und labyrinthischer, je mehr man sich ihm nähert: ein Hochland, das selbst vielen Einheimischen fremd geblieben ist, nur punktuell bekannt, auf Rast- und Campingplätze, Wasserstellen beschränkt, und sonst ein zerklüftetes Plateau mit sieben Siegeln bleibt.

In den Ramschkisten hinter dem Eingang des einst von Umberto Saba gegründeten Antiquariats im Triester Hafenquartier war ich auf einen Guide Michelin für die Region Languedoc / Cévennes gestoßen. Elegantes längliches Jackentaschenformat, runde Seitenecken, der Umschlag aus grünem genopptem Karton, die Ausgabe von 1996 – dem Jahr, als ich mit knapp zwanzig Frankreich zu entdecken und Französisch zu lernen anfing. Der grüne Guide ist aufschlussreich mit seinem Glossar zu Karst- und Höhlenphänomenen und den über die Karte verstreuten Sehenswürdigkeiten, die nach drei Kategorien, »Besichtigung empfohlen«, »einen Abstecher wert« und »interessant« gewichtet sind. Die Literatur freilich kennt solche touristischen Maßstäbe nicht.

Schon lange habe ich den Meeresfriedhof im westlich von Montpellier die Küstenniederung überragenden Sète sehen wollen, der das Vorbild für Paul Valérys monumentales Gedicht *Le Cimétière marin* abgibt. Er hat es damit zur Attraktion des lang gestreckten Hafenstädtchens um den eigentlich nur durch eine Sandbank mit dem Festland verbundenen Kalkfels des Mont Saint-Clair vor dem Cap d'Agde gemacht, auch wenn der gestrenge Michelin es mit einem Stern bloß in der Kategorie »interessant« verortet. Dennoch findet sich eine farbige Illustration der alljährlich in Sète abgehaltenen Regatta auf dem Umschlag des grünen Guide, während über den kolorierten Figuren der Rudernden sich zugleich das über sechzig Kilometer entfernte Hochland der Cevennen und der Causses erhebt, dem im Reiseführer an mehreren Stellen drei Sterne verliehen sind. Entlang der Route Départementale, der wir auf dem Weg nach Sète folgen, reihen sich zur Seeseite Raffinerien, in deren Umgebung es schweflig riecht, und zur Landseite von Flamingos bevölkerte sumpfige Salinenbuchten.

Wir folgen dem Straßenschlauch durch das schmale Stadtzentrum am Kanal von Sète, bis das weiße Gräberfeld wie aus dem Meer zu wachsen scheint. Das terrassenförmig über dem Meer in die Höhe kletternde Spalier marmorner Grabplatten und Mausoleen stiftet einen erhabenen Kontrast zur mediterranen blauen Stofflosigkeit, dem amorph verfließenden Charakter von Wasser und Atmosphäre unter- und oberhalb der Ruhestätte. Erst aber das Gedicht bringt kunstreich die monumentale Leere zur Sprache, erst bei Valéry wird dieser Friedhof zum metaphysischen Austragungsort zwischen dem Ich und dem Nichts, »ein Erdenstück erstauntem Lichte offen (…) aus Baum und Gold und Marmor sich verwebend, und so viel Stein auf Schatten bebend«, wie es in Rilkes Übersetzung heißt: »mein Dasein ist voll Poren (…) und Wasser, dort zu Staub zersplittert sich's!« Nur für einen Moment offenbart sich mir die im Gedicht zelebrierte Essenz des privilegierten Ortes, dann bin ich wieder der sengenden Mittagssonne ausgesetzt, suche den Ausgang aus dem Labyrinth der Totenstadt. Meine Begleiterin steht schon oberhalb der Friedhofsmauer vor dem Eingangsrondell zum Musée Paul Valéry, dessen weitläufige klimatisierte Säle mit Kunstwerken lokaler Malerschulen und dessen Vitrinen mit den Hinterlassenschaften des Sétoiser Weltbürgers uns für die nächsten Stunden vor der Hitze schützen. Die Stadt, in der er sich wünschte geboren zu sein, wäre er nicht ohnehin dort geboren worden, hat ihrem Sohn ein wahrhaft großzügiges Andenken bewahrt. Später sehen wir uns in einer Bar der Unterstadt in der Nähe des zum Hafen führenden Sétoiser Kanals das Achtelfinale der Fußballweltmeisterschaft an, bei dem sich Frankreich gegen Uruguay behaupten muss. Hinterher am Strand beginnt Paul Valérys imaginärer Cimétière Marin nochmals für einen Augenblick im warmen Film der abendlichen Sonnenpartikel aus den Terrassen des Meeresfriedhofs zu treten und über dem Kalk des Mont Saint-Clair zu leuchten: »ich bin in dir die Spur Veränderung«.

Kaum ein Autor war so sehr in den Geowissenschaften zu Hause wie Julien Gracq – bis hin zur Initiale seines *Nom de Plume*, mit dem der 1910 geborene Louis Poirier als Autor reüssierte. Die Geografie war gleichermaßen Gracqs professionelle Disziplin, die er zunächst als Assistent an der Sorbonne, dann bis zu seiner Pensionierung als Lehrer für das in Frankreich übliche Kombifach ›Histoire-Géo‹, Geschichte-Geografie, praktizierte; und der Geografie gehörte auch die lebenslange private Passion, der sein literarisches Werk entspringt. Geträumte und reale Geografie gehen bei ihm ineinander über und sind oft nicht voneinander zu unterscheiden. In *Das Ufer der Syrten* von 1951 verschmelzen aus der venezianischen Ikonografie bekannte Topoi von zwielichtiger Lagune und überfeinerter Stadtkultur mit einer karst- und steppenartigen Endzeitlandschaft, aus welcher der Ansturm der Barbaren droht.

Seine 1970 erschienene Erzählung *Die Halbinsel*, eine seiner letzten Fiktionen und doch zugleich voll faktischer Geografie, ist eine der ungewöhnlichsten Liebesgeschichten der Weltliteratur, wenn man sie so lesen will. Der Raum der Erzählung ist die Halbinsel La Guérande am bretonischen Westzipfel Armorika, die dem an der Loire bei Angers aufgewachsenen Autor seit der Kindheit vertraut war – eine Herzenslandschaft Gracqs wie seines Alter-Ego-Protagonisten. Dieser erwartet die Geliebte am Bahnhof der Halbinsel, doch statt mit dem angekündigten Vormittagszug wird sie erst mit dem Abendzug aus Paris eintreffen. Ein halber Tag liegt mit einem Mal vor ihm, an dem er sich während einer Autofahrt quer über die Halbinsel und ihre Ortschaften in Erinnerungen und Fantasien verliert.

Die Landschaft spricht zu ihm, in langen mäandernden Sätzen evoziert Gracq den Bewusstseins- und Gedächtnisstrom, welcher vom Boden, den Formen und Punkten des Terrains, den Erhebungen, Niederungen, offenen Flächen, Wäldern, einzelnen Bäumen, Gebüschen, Äckern, der Küstenlinie, den Klippen, dem Meer und den weiten Horizonten übers Festland hinweg, den verschiedenen Gesteinsarten der Gegend bei seinem Liebhaber in Gang gesetzt wird, während dieser sich zugleich um die Ankunft der Geliebten sorgt. Die Liebe zu ihr wird Stück für Stück vom Eros der Landschaft überlagert, der ihn die Zeit des Wartens völlig vergessen macht. Gracq erwähnt nicht, ob sein Wartender Geograf oder auf andere Weise professionell in

Landschaft zu Hause ist – oder ob er sich einfach in einer stundenlangen Epiphanie träumend dieser bretonischen Landschaft, die ihm sein ganzes bisheriges Leben in einer Art erdgeschichtlichem Zeitraffer wiederholt, anvertraut.

Der Magnetismus der Landschaft ist zuletzt so stark, dass die eintreffende Geliebte vor seinem inneren Auge verblasst und er am Ende kaum mehr weiß, weshalb er sie eigentlich am Bahnhof erwartet; ein zwischenmenschlicher Entfremdungsprozess, den Michel Butor zuvor in *Paris-Rom oder Die Modifikation* für eine Zugreise von Paris nach Rom minutiös beschrieb; doch ist Gracqs *Halbinsel* alles Urbane fremd, vielmehr ist sie eine Meditation über die Unvereinbarkeit dessen, was man das landschaftliche Körpergedächtnis nennen könnte: Ein Mann wird von seiner ruralen Imagination, die ihm tief in den Knochen sitzt, eingeholt, ein Hingegebensein an den Eros der Landschaft, den er seiner Geliebten jedoch am allerwenigsten vermitteln kann. Die Landschaft ist die eigentliche Gegenspielerin der Geliebten und schiebt sich unmerklich zwischen die beiden. Die Erzählung mit ihren Phantasmen von Landgewinnung und Verlust spielt unterschwellig auch auf tief sitzende Kriegstraumata des Protagonisten an, möglicherweise ein autobiografischer Fingerzeig Julien Gracqs, der 1940 als Hauptmann der französischen Armee vor der anrückenden Wehrmacht hatte kapitulieren müssen. Der Provinzbahnhof der Halbinsel hat nur zwei Bahnsteige, doch Gracqs Geoträumer, von der Entrückung des Überlandschweifens noch nicht wieder auf dem Boden der realen Fahrpläne gelandet, erwartet die Geliebte am falschen Gleis.

Wir sind nordwestlich von Montpellier hinter dem für seine ehemals reichen Uranminen bekannten Lodève nach rechts von der Route Nationale abgefahren. Im ersten Dorf halten wir bei einem Kiosk an der Straße unterm Schatten eines Kastanienbaums und schlürfen bitteren schwarzen Morgenkaffee in uns hinein. Ein paar Schritte von uns ein sandsteinerner Obelisk, der an die 1914–18 und 1939–45 Gefallenen des Dorfs erinnert. Auf der anderen Straßenseite ein Schulgebäude vom Anfang des vorigen Jahrhunderts, noch vor den Kriegen erbaut, bis heute in Gebrauch. Die solide Steinfront in zwei Hälften getrennt und an die einstige Separation der Geschlechter erinnernd, links ein Eingang mit Gebäudetrakt für Jungen, rechts der ehemals den Mädchen vorbehaltene Trakt.

Hinter dem Kiosk liegen Haufen zusammengetragener Steine aufgeschichtet. Stapel von Laubholz. Eine eiserne Feuerwanne. Landwirtschaftsgerät. Neben dem Toilettenhäuschen ist eine Tafel mit der Beschilderung eines Wanderweges aufgestellt, der durch die Wiesen der Talsohle in die steingrauen, trockenen Hügeltrümmer hinaufführt. Wir gleiten weiter über die endlos weite steppengelbe Causse de Blandas, einer Fortsetzung der großen Causse du Larzac, bis sich eine Serpentinenstraße über den Cirque de Navacelles hinauf- und wieder tief in die stadionartig runde, ausgedehnte Schlucht hinunterschraubt, welche ein Weiler mit einer feldsteinernen Ansiedlung krönt.

Am Rand des Weilers, im Schatten der dreihundert Meter steilen Felswände des Cirque, rauschen die Gorges de la Vis, der Fluss hat hier das Kalkmassiv durchbrochen und schießt kaskadenartig über Steinstufen in ein noch tiefer gelegenes Bett. Wir waten in den kneippkalten Strudeln. Nach einem Picknick am Fuß der Steilwand gleiten wir im Wagen, den Cirque de Navacelles verlassend, Serpentine um Serpentine wieder ins Hochland hinauf. Die Causse du Larzac. Eine licht bewaldete, schattenflirrende Kuppe, das Dörfchen Blandas mit einladendem Bistro-Mittagsmenü im Schatten von breitem Walnuss- und Kastanienbaum, Leute halten Siesta, wir biegen auf der Landstraße nach rechts über die Ebene zum im Tal des Arre, am Fuß der Cevennen, liegenden Le Vigan hin ab.

Von dort schlagen wir die Passstraße nach Norden ein, Richtung Mont Aigoual, abwechselnd an Basalt- und Kalkwänden auf von Eichen- und Kiefernwald gesäumten Serpentinen hinauf ins Cevennenhochland. Das Städtchen Meyrueis ist als nächstes Ziel der Passstraße angegeben, doch führt es nicht zu weit ab, wenn wir Montpellier am Abend wieder erreichen wollen? Die Passstraße steigt und steigt, in kühlen, dunkleren Basalt hinein, der über dem Kalk der südlich gelegenen Hochebene thront. In einer Kehre eine Parkmöglichkeit mit natürlicher Aussichtsplattform. Wir stehen im Wind und überblicken das Panorama der Causses, das sich südlich unter uns erstreckt. Weite orangebraune, rotbraune, ockergelbe Steppen- und Steinplateaus. Wir entscheiden uns gegen den Weg in die Berge, kehren um, zurück an die Kreuzung bei Le Vigan, Richtung Meer, das so weit weg ist, dass wir es von hier oben noch nicht sehen, höchstens erahnen können.

Die mit eindringlicher Intensität, fast körperlich nahegehend beschriebene Traumgeografie von Julien Gracqs Erzählungen spiegelt sich auch in seinen späten Notizen und Reflexionen als Erdkunde verschiedenster, intensiv bereister Regionen des Globus und insbesondere der französischen Landkarte wider. Die auf Deutsch unter dem Titel *Der große Weg – Tagebuch eines Wanderers* erschienenen Aufzeichnungen gehören zum Sinnlichsten und Dichtesten, was es aus dem 20. Jahrhundert an Landschaftsprosa gibt. Das Postkarten- und Reiseführerfrankreich interessiert Gracq wenig; es geht ihm um genuine, im Zusammenspiel von persönlichem Erlebnis und sprachlicher Eigendynamik die bloße Abbildung transzendierende Panoramen, in denen die ursprüngliche Wucht und Gewalt archaischer Landschaften in ihrer Wirkung auf den Einzelnen aufgehoben ist.

Der geringste Anstoß von außen genügt Gracq, um anscheinend mühelos eine Prosa von unendlicher Dichte und Plastizität hervorzuzaubern, etwa, wenn er aus dem Zug Budapest–Venedig von der Durchquerung Sloweniens »in der untergehenden Sonne eines späten Nachmittags« die Erinnerung an »das Labyrinth seiner grünen Hügel und die aufgetürmten Heubündel, die ihre Holzskelette bekleideten wie Männchen aus getrocknetem Gras«, behält: »Bei Einbruch der Nacht die Fahrt durch den Karst, dessen Kahlheit man unter den Sternen erahnte, dann das unsichtbare Triest und das langsame, vorsichtige Näherrücken des Zuges, der den Weg zu den schwarzen Wassern der mit Leuchtfeuern abgesteckten Lagune einschlug.« Die nächtliche Passage Triests genügt bereits, um es mit dem die Stadt umgebenden Karst in der Imagination entstehen zu lassen und es gleichzeitig über Meere und Kontinente hinweg mit anderen Karststädten zu verknüpfen, etwa dem marokkanischen Tanger, das ihm mit dem identischen Anfangsbuchstaben nahe rückt:

> *Ich hätte hier die Spuren der Trauer gesucht, jener langen Trauer um das Reich der Mitte, die eine Stadt, welche einmal die Lunge Österreich-Ungarns war, mit sich schleppt, die Schwermut eines*

Venedig ohne Kanäle, ohne Gemälde und ohne Touristen, das Phantom einer totgeborenen City *und eines* Lloyd *ohne Warenumschlag und ohne Schiffe, mit vergrasten, einsamen, unter dem eisigen Luftstrom der* Bora *zitternden Gäßchen, die zu der baumlosen Ödnis aufsteigen, der so nahen afrikanischen Hochebene des Karst ... Bienenstöcke des Handels, ohne Wurzeln, ohne Hinterland, ohne Bindungen, die in der Einkerbung eines Felsens, auf dem Uferstreifen einer Meerenge nisten: Tanger, Triest.*

Julien Gracqs Erderkundungen sind das diametrale Gegenprogramm zu den kolloquialen Plattitüden der Reiseführer. Es sind Illuminationen einer subjektiven Geografie, die aus der innigen Vertrautheit mit den Nuancen und Valeurs der Sprache die feinsten Abstufungen und Übergänge der Landschaft heraufbeschwören. In solchen epiphanischen Momenten wird ihm Landschaft zur »Kulisse einer prunkvollen Oper, bei der die Musik der Erde aus ihrem Innersten selbst aufstieg, bei der ich allein genügte, um alle Stimmlagen und alle Rollen zu verkörpern, und deren einziger und privilegierter Zuschauer ich zugleich war«. Gracq macht dort weiter, wo die Geografie als Wissenschaft keine Auskunft mehr geben kann, wo Empirie sich an der sinnlichen Erfahrung bricht.

Für Gracq bedeutet das zwischen dem Zentralmassiv bis ins mediterrane Becken sich erstreckende Karst-Hochland der Causses den gleitenden Übergang in den Süden, für den es keine Demarkationslinie gibt. Er ereignet sich im präzise wahrgenommenen Widerspiel von Licht und Boden, im Wechsel von Basalt zu Sandstein und Kalk, von Wald zu Gras, Ginster, Kastanie, Wacholder. Um das Erscheinungsbild der Causses in seinem fluoreszierenden Farbenspiel und den subtilen Wechseln von Gestein und Bewuchs wiederzugeben, bedient sich Gracqs Sprache der Synästhesie. In einem Satz lässt er Natur, Boden, Witterung, Licht und genuine Weidekultur zusammenschießen, sodass ein Bild von der Einzigartigkeit der Causses in der ihnen eigenen Biodiversität entsteht:

Was mich am meisten überraschte, als ich die Causses zum ersten Mal durchquerte, war die Fahlheit des Bodens in den Weiten des Hochlands, das in der Sonne erzitterte: alle erloschenen Farbtöne, welche der auslaugende Winterregen und die darauffolgenden Bisse der Hundstage einem Hirtenmantel nach zehn Jahren entlocken, breiten sich hier aus, so weit das Auge reicht: Rauchgrau, Brandgelb, verwaschener Rost und das stumpfe Weiß der verschlissenen Flächen. Hier enthüllte sich mir zum ersten Mal – nachdem ich die düsteren, waldigen Hänge erklettert hatte, über die man von Mende aus zur Causse de Sauveterre gelangt – der farblose Süden.

An anderer Stelle veranschaulicht er, die Spezifik der Lichtreflexe über dem Boden der Causses fortschreibend, wie auf der Fahrt zwischen den Orten »Florac – Ste-Enimie – Millau, durch die Gorges du Tarn« die »Stellung der Sonne am Himmel (...) den ganzen Zauber der Bilder aus[macht]«. Das Charakteristikum der extensiven kargen Weidefläche war zuvor schon metonymisch durch das Bild des »Hirtenmantels« vergegenwärtigt worden; nun tut dies die Phantasmagorie von »Schafsgerippe[n]«:

Auf der Straße von Mende nach Sainte-Enimie, beim Durchqueren der Causse de Sauveterre, wird der Eindruck immer stärker, am Rande des Abgrunds zum Tarn hinunterzufahren, der in der Tiefe seines pantherfellartig gefleckten Kessels schäumt. Ebenso beeindruckte mich das plötzliche Abfallen der kleinen Straße vom Causse Méjean auf Florac zu, nachdem sie endlos durch eine Wüste geirrt ist, so verbrannt, so farblos und schroff, daß man sich wundert, hier keine Schafsgerippe in der Sonne bleichen zu sehen.

Wir fahren mitten durch das Plateau der Causses hindurch. Dürres Gras, steppenartiges Weideland, hitzeversengt, versprengte, unbewohnte Steinhäuser, verwitternd, staubige Wege und Triften zweigen zu ihnen ab, führen über die Weite, irgendwohin. Niemand begegnet uns, kein Wagen kommt uns entgegen oder überholt. Ich möchte die Scheiben herunterlassen, mit gedrosseltem Motor, im Schritttempo das vorbeiziehende Panorama, die leere Weite auf mich wirken lassen, ich staune, bis ich sage, lass uns anhalten. Ich lasse den Wagen rechts stehen, direkt vor uns zieht sich ein Weidepfad den Hügel hinauf.

Hier herrscht eine das spärliche Wasser effizient speichernde, hartblättrige, dürreresistente Vegetation. Dem Mangel angepasst. Das letzte Wasser aus dem steinigen Boden ziehend, für Wochen, Monate gar, Tamarisken, filigranblütrige Blumenkräuter, die an Fette Henne erinnern, ihre Maserung, ihre winzigen Blütenstände bringen die buntesten Erscheinungen hervor. Zwei Pferde, jenseits der Landstraße auf der anderen Seite, wie ferne Chimären oder Zentauren über den Rand der Böschung lugend. Stille und ein Windstoß ab und zu, der sich auf dem kahlen, untergründig weißen, darüber blassgrün-welligen, nach allen Richtungen hin auseinandergezogenen Kalkrelief verliert. Als seien wir die einzigen Menschen weit und breit. *Hod-hod. Hod-hod. Hod-hod.* Ein Wiedehopf. Wir hören ihn bloß, sehen ihn jedoch nicht, als wolle er uns zum Narren halten. Er muss sich weiter oben im dürren Strauchland hinter dem Weidezaun herumtreiben. Oder schon wieder weitergetrieben sein. In der um das Jahr 1200 entstandenen *Konferenz der Vögel* des persischen Mystikers Farid Ud-Din Attar führt der Wiedehopf, arabisch ›Hodhod‹, die Schar der Vögel über Berge und Täler an, um den sagenhaften Simurgh zu finden, und sie ziehen in die Fremde, wo viele von ihnen verenden und verloren gehen, bis die wenigen Überlebenden am Ziel der Reise – und bei sich selber angekommen sind. Der Wiedehopf hat auf den Busch geklopft. Wir nehmen sein Zeichen, was immer es bedeuten mag, mit auf den Rest der Fahrt, als könnte die Erinnerung an ihn schon Talisman genug sein, hier, wo alle Farben verblasst sind.

Am Ende dieser Steppe taucht ein einzelnes Dorf mit einer Straßenkreuzung auf. Es steht nicht im Michelin, und auch Julien Gracq verliert nirgendwo ein Wort darüber. Unscheinbar. Ich beglückwünsche meine Freundin für die Eingebung, uns hier halten zu lassen. Le Cros ist mehr, als ich gesucht habe, mehr, als ich hier am südlichen Ausläufer der Cevennen noch vermutet hätte. Es ist *das* Dorf im Karst. Keine spektakulären Kulissen, aber alle Phänomene des Karsts liegen auf engstem Raum beisammen. Ein von den Formen und Strukturen des Karsts zehrendes, ein mit dem Karst verwachsenes Dorf, wie es mir so bislang noch nicht in den Dörfern des Südharzes aufgefallen ist, die zumeist hart *am* Karst liegen, nicht unmittelbar *darin*; und der Karst oberhalb von Triest wirkt schroffer, von größeren Gegensätzen, des Höhenunterschieds, der Vegetation, des Klimas, der brachen Erdfälle und kultivierten Dolinen, auf engerem Raum geprägt. Idealtypischer als Le Cros könnte keine Ansiedelung sich den Karst zunutze machen. Das Karstdorf, welches bis jetzt noch nicht einmal im Buche steht. Zwitschernde Vögel allenthalben. Ein gurrendes weißes Taubenpaar, Rosensträucher blühen am Trottoir, als wir Richtung Dorfmitte gehen, erste blassweiße Wolken im Landkartenblau des Himmels kündigen den Abend an. An der Hauptstraße steht eine riesige gusseiserne Platte in ein ummauertes Viereck eingelassen, »Place du poids public«, Platz der öffentlichen Waage, ein Relikt, auf dem die Bauern an Markttagen ihr Vieh, ihre Rüben- und Kartoffelsäcke wogen.

Als Schwellenland zwischen nörd- und südlichem Raumempfinden, als archaisches, weder in wirtschaftlicher Ausbeutung noch kultureller Ausdeutung aufgehendes Gefüge nehmen die Causses für Julien Gracq eine herausgehobene Stellung innerhalb seiner persönlichen französischen Topografie ein. Gerade die scheinbar attraktionslose Mattheit der Landschaft, deren Reiz sich nicht lediglich punktuell (als lokale Attraktion), sondern erst im Raumgefühl als Ganzem während ihrer Durchquerung offenbart, enthebt den französischen Hochlandkarst seiner nüchternen Fest-Stellung und öffnet ihn dem geopoetischen Zugriff. Der Vergleich der Gegend mit einem blanken tonsurierten Mönchsschädel vergegenwärtigt den Raum und Weite gewordenen Karst zugleich als welt- und zeitenthobene Region:

> *Eine gewaltlose, aber beinah unwiderstehliche Anziehung führt mich Jahr für Jahr, wieder und wieder, auf die nackten Basalt- oder Kalkhochflächen des mittleren oder südlicheren Zentralmassivs: das Aubrac, das Cézallier, die Basalthochländer, die Causses. Alles, was in der französischen Landschaft an unberührter Exotik fortbesteht, scheint mir hier zu hausen: als ob ein Stück eines kahlen, unvermittelt aus den Wellen gestiegenen Kontinents über den ewig gleichen Buschlandschaften auftauchen würde, die unseren Boden so eintönig machen. Feierliche, nüchterne Tonsuren in unserem dichten Baumwuchs, Bilder einer fast vergeistigten Blöße der Landschaft, die für den Wanderer das Gefühl der Höhe und der Erhebung unauflöslich miteinander vermengen.*

Zu den ungewöhnlichsten Karstphänomenen der Causses zählt das sogenannte ›Chaos‹, die Felsentrümmerstadt von Montpellier-le-Vieux; einer ihrer durch natürliche Korrosion und Auslaugung entstandenen Torbögen ziert den Umschlag des geologischen Standardwerks *Karst. Entstehung – Phänomene – Nutzung* von Karl-Heinz Pfeffer. Montpellier-le-Vieux ist nie bewohnt gewesen; im Gegenteil, als heimgesuchter diabolischer Ort verschrien, wurde das zugewucherte Felsenchaos bis zu seiner touristischen Erschließung weiträumig von Reisenden gemieden. Höchstens Hirten näherten sich ihm auf der Suche nach verirrten Lämmern und Zicklein, und auf Schäfer geht auch die Bezeichnung ›Alt-Montpellier‹ zurück, als hätten sie dort eine vorzeitliche Blaupause der Stadt erblickt, eine Art Geister-Montpellier, das chthonische Kräfte aus dem Erdinnern herausgebrochen hätten. Heute ist die Attraktion schon von Weitem auf der Autobahn ausgeschildert.

Julien Gracq seinerseits nimmt Montpellier-le-Vieux traumartig als »weiße[n], mittägliche[n] Hitzedunst (…) ähnlich den Sandsteinzinnen einer verdurstenden Stadt im Urwald des Dekhan« wahr. Der wirkliche Reiz der Lokalität erschließt sich für seinen Beobachter erst, nachdem die letzten Touristen »den Parkplatz der Geisterstadt, der genauso weitläufig (…) war wie die, welche sich vor den Toren amerikanischer Baseballstadien befinden«, verlassen haben. In der Menschenleere sind die chthonischen Kräfte wieder unter sich – es bedarf jedoch des einen, für sie empfänglichen Betrachters und Zuhörers, um ihr elementares Wirken wie ein Medium in Schrift zu übersetzen:

> *Nun (…) hätte man sagen können, daß die riesenhafte Theaterruine unter der sengenden Sonnendusche in die Stille hineinlauschte, um irgendwo in der Tiefe ihrer verbrannten Abgründe das Rauschen einer Quelle im Gras, das Tropfen eines Höhlengewölbes, das wiederbelebende Klingen des Wassers zu erhaschen.*

Wenigstens ein Stück weit will ich selber an diese Schwelle vordringen, auf der Gracqs Landschaftsschreiber in Zeitlosigkeit abgetaucht ist; selten sind einer Gegend so emphatische Passagen gewidmet worden wie die von Julien Gracq anlässlich der Grandes Causses verfassten. Ich kann und will ihm nicht ausdrücklich nachgehen oder nachfahren – ebenso wie ich mir dies mit Handkes Slowenien versagte. Und es wäre angesichts einer derart in Schrift aufgehobenen und transzendierten Landschaft gar nicht möglich gewesen, ihm einfach ›nach‹ zu gehen – wohl aber immerhin denkbar, im umherschweifenden Fahren mich auf die vage Spur des von Gracq evozierten Landschaftsgefühls zu begeben. Seine Sätze entwickeln beim Lesen einen Sog, der mich unmittelbar in die Causses hineinkatapultiert, selbst wenn ich noch nie dort gewesen wäre. Ich bin angefixt, als haftete diesen Sätzen noch die Aura der Orte an, von denen sie sich herschreiben; als seien diese nicht auf Papier, sondern wie ein Film auf Zelluloid gebannt:

> *Was ich immer wieder sehe, wenn ich mich an diese hohen Plateaus erinnere, ist das Bild der sengenden Leere des Mittags über der Landstraße, das Bild der Felsvorsprünge an fernen Steilhängen, gefärbt wie Zigarrenasche und frischgeschorene Wolle, aufgelöst im glutofenheißen Blau. In der Tiefe der Schlucht, welche die Straße noch zusätzlich einschnürt, steigt einem das Verlangen, mit dem Wind auf den nackten Hochebenen zu laufen, wie starker Wein zu Kopf. Die Türme, Donjons und gewaltigen Mauerzacken, die vor einem aufragen, wenn man sich Florac über die Cevennenstraße nähert, sind lyrische Bastionen eines Palastes der Winde, und manchmal habe ich geträumt, von seinen stolzen Wehrgängen gefangengenommen zu werden, auf denen das trockene Gras sich unter dem Schirokko am Rande der bläulichen Abgründe zu Boden preßt.*

Gracqs synästhetische Prosa verwandelt, vom Umherschweifen, dem Sog des ziellosen Überlandfahrens entzündet, die Karsthochländer der Causses in magisch illuminierte Sätze, in hochbelichtete poetische Eigenzeit. Sie reproduzieren nicht das ihnen eingeschriebene geoökologische und topografische Vokabular, das sich unschwer aus ihnen herausfiltern ließe; sie transformieren vielmehr das en passant beigesteuerte Wissen, um die Landschaft zum Leuchten zu bringen.

Immer noch in Le Cros dominiert den Dolinenhügel ein steinerner Buckel, der das verwitterte Profil eines Doppelkopfes, Mann und Frau, offenbart, die beide in dieselbe Richtung, südostwärts, blicken. Das steinerne Paar ist umgeben von Walnussbäumen, Brombeersträuchern, Weißdorn, Hagebutten, einer ziegelgedeckten Scheune. Unter ihrem Profil eine kleine Grotte, die, zum Werkzeug- und Trafoschuppen ausgebaut, den für die Bewässerung des weiter hinab sich erstreckenden, mit Kartoffeln und Mais bestandenen Poljenackers eine Wasser- und Elektrizitätsversorgung enthält.

Nach Norden zu erhebt sich die direkt am Fels, teilweise aus oder besser mit dem Fels errichtete Kirche. Als ein Teil des Kirchenschiffes fungiert die nackte Klippe, der übrige Teil des Bauwerks wurde mit Mauerwerk ergänzt. Hinter der Kirche klafft ein Nadelöhr von Durchgangsspalte zwischen den Felswänden; das Kirchendach und Teile des Schiffes sind direkt aus dem Schiefer herausgehauen, der auf der anderen Seite des Nadelöhrs in die Hausgemäuer übergeht.

Wir kommen, durch die Öse des Nadelöhrs hindurchsteigend, wieder an der das Dorf umzirkelnden Landstraße heraus, stehen nun an seiner Westseite. Eine Bushaltestelle. Das Kriegerdenkmal. Ein geschlossenes Bistro. Ein paar spielende Kinder sind in den Höfen zu sehen. In der Sonne trocknende Wäsche. Die Teile des Dorfs von oben nach unten verbindenden schmalen, krummen Gässchen sind vom Spalt, den die Felsen ihnen jeweils lassen, bestimmt. Die Höfe und Häuser sind stets *mit* dem Fels, *an* oder *auf* den Fels, manchmal *in* den Fels hineingebaut. Weidezäune spannen sich, wo das Dorf und die Gassen aufhören. Steinige Grashänge. Ein grauer Esel steht am südöstlichen, in die Languedoc-Ebene führenden Ortsausgang.

Wir nähern uns, das Hochland verlassend, Le Caylar, der Auffahrt zur Autobahn, halten noch einmal bei der Raststätte an. Zur Linken blicken wir ins mediterrane Becken, zur Rechten in die bizarr getürmten Felsnasen von Le Caylar, hinter denen die Sonne verschwunden ist. Wir haben die Schwelle der Causses verlassen, für Julien Gracq war dieser Ort »ein ruinenhafter Hügel … der mich immer, ich weiß nicht warum, an die natürlichen Grundmauern eines optischen Chappe-Telegraphen erinnert«. Ich notiere mir die Quintessenz des Tages, ehe sich die flache salzige Bucht des Mittelmeers, das wir nun ansteuern, abrupt vor die alte Landschaft schiebt.

Wohin führt das Leben mich?
Wie finde ich den Wiedehopf?

Sohrab Sepehri, *Musafer*
(Der Reisende)

5 – Osten: Windgetragen

Ich lebte eine Zeit lang in Berlin. Mir fehlten die Wildnis, die Landschaft, der Karst. Meistens zog es mich auf das aufgelassene Rollfeld des der Öffentlichkeit in die Hände gegebenen Flughafengeländes von Berlin-Tempelhof. Eine vage Erinnerung an brachliegende Spielorte der Kindheit streifte mich: Ränder von Müllplätzen, morsche, nach Fäulnis und Moder riechende Bretterschuppen, die rissigen Betonflächen vor und die Brombeerhecken hinter offenen Garagenzeilen, aufgebogene Maschendrahtzäune um abgesperrte Objekte, Strom- und Telegrafenmasten, die sich über Autobahnen und Schienen in die unbekannte Landschaft hinein fortsetzten. Mit vier oder fünf Jahren war ich einmal von zu Hause weggelaufen, statt wie verordnet im Bett zu bleiben, war ich vom hauseigenen Steinbruchhügel in den sogenannten ›Grund‹ hinabgerannt, eine aus dem Dorf neben der Bahn Richtung Wald führende Talkerbe, den Nachbarhügel hinaufgestiegen und hatte einen mir bis dahin nicht geläufigen Teil des Dorfes wie eine neue Welt durchstreift, bis Leute auf der Straße mein traumartiges Dasein unterbrachen, mich ansprachen und wieder nach Hause brachten. Auf dem Tempelhofer Feld gibt es keine Hügel, aber verlassene Flugsteige und Rampen, das Schleifen und Klingeln der S-Bahn auf den Ringgleisen von Süden, gekappte Drähte an der Reihe einstiger Signalmasten, die sich von Neukölln im Osten durch Hecken und Sträucher bis an den Rand des rissigen, in der Hitze sich wölbenden Rollbahnbetons ziehen. Hohe trockene Gräser in der Julisonne, bizarre Gartenparzellen, die Wände aus Palettenholz, Sonnenblumen, Tomaten-, Paprikastauden, Stadtimker, Asphaltsegler, Rollschuhläuferinnen, der Rauch gegrillter Kebabspieße, das Geschlinge der Ringbahn von draußen, in der Luft Turmfalken, Sperber, kleine Raubwürger, die nach Mäusen, Kleinvögeln in Gras und Gebüschen spähen: urbane und wildnisartige Reste kopulieren hier, vermischen sich, lassen eine sich selbst überlassene, noch unbestimmbare Landschaft entstehen, die mich entfernt an die steppenhaften Trocken- und Magerrasen erinnert, die ich in den Naturschutzgebieten des Karsts, im Südharz, oberhalb Triests und auf den Causses kennengelernt habe. Um nicht in Trübsinn und Lethargie zu verfallen, gab es in dieser Zeit nur eines: gehen, gehen, gehen über Gestein. Ich wollte hinaus, wieder hinaus in den Karst. Für mich bedeutete das zunächst: in die Ursprungslandschaften zurück.

Meine Finger gleiten über die weichen, dem verdunsteten Wasser des einst tropischen Meeres über Jahrmillionen abgewonnenen Rillen eines aus der Felsmauer des heimischen Steinbruchs hinabgestürzten Sandsteinblocks. Seine Oberfläche ist feinkörnig, leicht angeraut, wie sanftes Schmirgelpapier, die schmale Einkerbung einer Flechte ist in den Stein eingewittert, hauchdünne wellige Strukturen, angeschwemmte, zusammengepresste Quarzkristalle und Kalkablagerungen, das Meeresgedächtnis des Steins. Im Sandstein und Muschelkalk Thüringens unterwegs zu sein, ist wie über ein Meer zu gehen, das lediglich den Aggregatzustand gewechselt hat; der Sand ist Fels, die Fossilien Kalk, das Wasser fließt, tropft, klopft unterirdisch. Vor vierzig Millionen Jahren wäre ich hier nicht gegangen, sondern geschwommen.

Was wird in vierzig Millionen Jahren vom Verkehrsfluss auf den Autobahnen übrig sein, die Thüringen durchziehen? Von all dem motorisierten Blech, das auf ihnen schwimmt? Oberndorf zieht sich mit seinen Sandsteinhängen beidseits des Oberlaufs des Erlbachs hin, dem die Landstraße folgt. An seiner Nordgrenze schneidet es die Frankfurt und Dresden verbindende A4, einige Kilometer südwestlich schneidet die München und Berlin verbindende A9 die Landschaft. Beide Trassen treffen sich am nah gelegenen Hermsdorfer Kreuz, das schon vor 1989 eine Drehscheibe des innerdeutschen Transitverkehrs war. Wenn ich Oberndorf auf der Landstraße in nordwestlicher Richtung verlasse, sehe ich über den Schilderwald der Raststätten und Gewerbegebiete rund um die Autobahn hinweg die Erhebung einer kahlen, langhin gestreckten rötlich grauen Anhöhe. Auf sie halte ich zu, die Autobahntrasse der A4 vor dem Supermarktkomplex des Globus unterquerend, die der A9 direkt hinter dem Globus überquerend. Weiter in nordnordwestlicher Richtung der holprigen, zu beiden Seiten von Feldern umgebenen Landstraße folgend, halte ich auf das Dorf Schleifreisen zu.

Die Felder sind jetzt zu Anfang September umgepflügt, Falken rütteln in der Luft, Bussarde schweben zwischen Waldrand und Autobahn. Schleifreisen gehört wegen des früher in dieser Gegend so häufigen holzverarbeitenden Gewerbes zu den sogenannten ›Holzlanddörfern‹ im Umkreis von Hermsdorf, am Ortseingang der weithin sichtbare, mühlenartig runde Bauch eines Wasserturms, der von den Anfängen der öffentlichen Wasserversorgung vor knapp hundert Jahren zeugt. Die Pflasterstraße flankieren rote und an der Wetterseite grün bemooste Sandsteinfelsen. Sie setzen sich bis hinunter in den Zeitzgrund fort, der sich mit der parallel am Sandsteinfels verlaufenden Bahnlinie zwischen Stadtroda und Hermsdorf mal schluchtenartig tief, mal lieblich breit erstreckt. Ich quere den Zeitzgrund mit seinen zu Ausflugslokalen verwandelten ehemaligen Wassermühlen bloß, um ihn auf der Nordseite wieder zu verlassen, am Kulturdenkmal des Pechofens vorbei, einer rekonstruierten Köhlerei im Wald, der bereits die Schulwandertage galten.

Ich überquere die Bad Klosterlausnitz mit Schöngleina im Osten Jenas verbindende Landstraße. Auf der sich anschließenden Höhe jenseits des Zeitzgrundes liegen die Dörfer Bobeck und Albersdorf und das wegen seines Buchen-Totalreservats bekannte Waldeck, allesamt kleine Residuen einer lokalen Holzindustrie. Ein Feldweg führt die Anhöhe hinauf, rechter Hand eine schmale Ackerfläche bis zum Waldrand, linker Hand und rund um das Dorfplateau Hangwiesen mit einer Pferdekoppel, Imkerkästen, Kleingärten, Schafpferche um alte Apfelbaumreihen herum. Das Straßendorf Bobeck wirkt einsam und entlegen auf seiner Anhöhe. Auch wenn die Nachbarorte nicht weit sind, ist es durch Wälder, Abhänge und die Bahnlinie von ihnen abgeschnitten. Auf der durch den Ort führenden Pflastersteinstraße wird gerade die Post ausgetragen; alte Leute unterhalten sich am Hoftor mit der aus dem gelben Renault steigenden Zustellerin; am Gehweg sind Lieferwagen kleiner ortsansässiger Handwerksbetriebe geparkt, Klempnereien, Tischler, Maler, Maurer, Elektriker. Um die Kurve am Ortsausgang Pferde- und Schafskoppeln, Streuobstwiesen und Gärten zur Linken, zur Rechten ein Sägewerk. Kleine Schlaglochkrater im Straßenbelag. Hinter der Kurve rechts ein erdfallartiger Sandsteinabhang, vom Plateau aus überblicke ich die Waldspitzen des Zeitzgrunds, die Autobahntrassen, die Ansiedlungen ums Hermsdorfer Kreuz, vage im Südsüdosten den Ort und die Landstraße, von wo ich losgegangen bin. Ich wende mich nordwestlich auf die nach Bürgel führende Landstraße, lasse den Ortseingang Waldecks mit Gabelstaplern vor einem Paletten und Kisten fertigenden Holzwerk links liegen, durchquere auf der steil abfallenden Landstraße den bis hinunter nach Thalbürgel reichenden Wald, werde von ein paar Autos überholt, ein paar weitere kommen mir entgegen. Ich höre Kolkraben in den Kronen knarzen.

Thalbürgel füllt die Talsenke mit aus hügeligem Laubwald rötlich und gelblich hervortretenden Sandsteinfelsen, ausgewaschen und abgeschmirgelt wirkende burgartige Wände hoch über dem Straßenmäander. Die Sandsteine wurden zum Bau der ehemaligen Benediktinerabtei verwendet, einer schlichten spätromanischen Basilika, für die Thalbürgel ebenso wie Bad Klosterlausnitz und die bei Rudolstadt gelegene Ruine Paulinzella bekannt ist. Entlang des ehemaligen Kloster- und Mühlenteiches nehme ich, an Apfelbaumwiesen vorbei, den die Straßenkreuzung querenden, unterhalb von Bürgel geradewegs nach Nordwesten zur Saale hin führenden Radweg. Er ist mit Schotter bestreut, sein Fundament und seine hohlwegartige Begrenzung bilden eine Sandsteintrift. Zur Linken die den Saalezufluss des Gleisebachs speisenden Feuchtwiesen, zur Rechten die Sandsteinschichten, auf denen Bürgel thront. Die mächtigen Blöcke einer Steinbrücke spannen sich über die Trift; sie gehören zur ehemaligen, 1880 eröffneten Bahnlinie, die Porstendorf im Saaletal bei Dornburg mit dem vor Zeitz liegenden thüringischen Crossen an der Elster verband. Bereits 1969 wurde der von Porstendorf nach Eisenberg über Bürgel führende Abschnitt stillgelegt, dessen Unwirtschaftlichkeit und Überführung in den Omnibusbetrieb mein Großvater bereits zehn Jahre früher in seiner Abschlussarbeit als Ingenieur der Arbeiter-und-Bauern-Fakultät hatte belegen müssen. Im Jahr 1998 wurde auch der letzte Streckenabschnitt zwischen Eisenberg und Crossen eingestellt, der Gleisdamm zu einem Radweg umgewandelt.

Ich habe den Fachwerkweiler Nausnitz, ein ehemaliges Wassermühlengehöft, jenseits der alten Bahnbrücke zur Rechten liegen gelassen und überquere die Gleise – nicht die Bahn, sondern den Bach – auf dem schmalen

Steg einer überdachten Holzbrücke, dem Miniaturnachbau einer jener historischen Holzbrücken, wie sie in Thüringen etwa bei Wünschendorf an der Elster oder Buchfart an der Ilm zu finden sind, und befinde mich plötzlich auf Muschelkalkterrain. Die Gleise und die sie umgebenden Hänge, die in nordöstlicher Richtung mit dem ausgedehnten Tautenburger Forst als Alter Gleisberg und in nordwestlicher Richtung um Taupadel, Großlöbichau und Kunitz als Großer Gleisberg die Landschaft prägen, sind der Limes zwischen dem Buntsandstein und dem Muschelkalk. Sichtbares Zeichen ist der Zechsteinaufbruch, eine säulenartige, poröse, grau verwitternde Felswand jenseits der Gleisewiesen, die vor dem Ortseingang Graitschens rechter Hand vom Weg abzweigt. Die mit ihrem schmalen Wasserlauf vermeintlich unscheinbare Gleise hat sich hier, wenn man so will, einen Durchbruch geschaffen.

Hinter Graitschen, direkt neben dem einstigen Schienendamm im Rücken des Dorfes, öffnet sich der Weg ins Saaletal; vor mir das sanft ansteigende verwitternde Profil der weitläufigen Muschelkalkabhänge des Alten Gleisberges, die zum Fluss hin, den Bögen und Kehren des Wassers folgend, in ausgedehnte Wiesen und Felderflecken auslaufen. Mir liegen die Attribute ›lieblich‹ und ›malerisch‹ auf der Zunge, um den Reiz der Gegend zu preisen – die klimatische Begünstigung des beiderseits von sanftem Muschelkalk gerahmten Talschlauchs, der von Jena kommende, unterhalb der Dornburger Schlösser mäandernde Flusslauf, der Wechsel von Laubwald und Wiesen und kleinen eingestreuten Äckern, ein gesegneter, von vielen bereits besungener Landstrich, der sich bis auf die Hochhäuser der Jenaer Skyline, den Asphalt und die Schwellen der Jena mit Naumburg verbindenden Regionallinie seit Goethes Anwesenheiten in Dornburg und den Tagen der Romantiker wenig verändert hat.

Ein mächtiger weißer Ziegenbock streckt sich in den Gärten des an die Saale reichenden Golmsdorf am Stamm eines Birnbaums hinauf; es kommt mir vor, als führten nun alle Wege zum Fluss. Die Saale bleibt mir mit ihren wie eine Hogarth'sche ›line of beauty‹ geschwungenen Bögen vor Augen, bis ich im sanft welligen Auf und Ab etlicher Wegkehren das an ihren Ufern errichtete Dorndorf erreiche. Die von einer Barockkirche und den Hallen der Freiwilligen Feuerwehr flankierte Dorfstraße führt zum stählernen

Viadukt über der Saale, den rostigen, eingerüsteten Nietenbögen der 1892 eingeweihten, nach dem Weimarer Großherzog Carl Alexander benannten Brücke, die zu betreten nur noch Fußgängern gestattet ist. Die gemächliche Strömung der Saale rauscht unter meinen Füßen.

Auf der anderen Seite nehme ich den nach dem um wenige Häuser und einen öffentlichen Brunnen herum gepflasterten Trottoir in einen unter Buchen- und Ahornlaub ansteigenden, sich hart an den ausgewitterten Muschelkalk schmiegenden Pfad nach oben. Ich überquere, auf dem Felssporn angekommen, die nordwärts über die Saaleplatte nach Apolda führende Landstraße und stehe auf dem Marktplatz des Städtchens Dornburg, habe den Ratskeller im Rücken, gehe an der schlichten Barockkirche vorbei und nehme die Stufen zu den Schlössern über der Saale. Zwischen dem von Goethe bewohnten Renaissanceschloss zur Rechten, dem Rokokoschloss in der Mitte und dem alten Schloss zur Linken erstreckt sich eine einzigartige Park- und Gartenanlage aus Blumenbeeten, Laubengängen, Irrgarten, Rosenspalier und terrassenartig am Fels kultiviertem Obst, vor allem Weintrauben und safrangelbe Quitten. Ich bin am Ziel.

Die meisten der Rosenstöcke, für die Dornburg berühmt ist, sind jetzt am Ende des Sommers abgeblüht, dafür blühen die Astern in allen erdenklichen Größen und Farben am sich entlang der Mauer ziehenden Spalier über dem Fluss. Mein Blick schweift in südsüdöstlicher Richtung über das Saaletal und die Gleisberge hinweg: zur Linken die Buchenwälder der Großen Lehde, hinter der sich die Talsenke von Tautenburg versteckt, in der Ferne die metallweißen Kreisel von Windrädern über der Hügelsilhouette rotierend, zur Rechten die hellgrünen satten Wiesen längs des Flussmäanders um Dorndorf, Golmsdorf, Großlöbichau, Kunitz bis nach Porstendorf und Jena im Westen, wo sich die Saale schließlich in einer Kehre dem Blick entzieht.

Die 1972 von Hanns Cibulka veröffentlichten *Dornburger Blätter* machen den durch Goethes Aufenthalte, besonders sein erstaunliches Dornburg-Gedicht vom September 1828 – »Früh, wenn Tal, Gebirg und Garten / Nebelschleiern sich enthüllen / und mit sehnlichstem Erwarten / Blütenkelche bunt sich füllen …« – berühmt gewordenen Muschelkalksporn mit den drei in einem Zeitraum von tausend Jahren dort angelegten Schlössern zu einem der beeindruckendsten Nebenschauplätze der DDR-Literatur. Cibulkas aus Beobachtungen, Reflexionen, Erinnerungen und eingeschobenen Abschweifungen mosaikartig zusammengesetztes Kleinod ist große Landschaftsprosa, weil sie aktuelle Zeit und geschichtliche Versatzstücke ganz im geologischen Gedächtnis des Raumes aufgehen lässt. Gerade weil sein Mosaik verschiedenste Zeiten zum Vorschein bringt, gelingt es Cibulka, die zeitlose Aura dieses begünstigten südlichen Refugiums zu vergegenwärtigen. Vor mir liegt die 143 Seiten starke Erstausgabe der *Dornburger Blätter*, erschienen im Mitteldeutschen Verlag Halle (Saale), »mit finanzieller Unterstützung des Kulturfonds der Deutschen Demokratischen Republik«. Die Sammlung erlebte bis heute zahlreiche Auflagen, zuletzt 2013 als Teil der *Thüringer Tagebücher*, als es die DDR schon seit einem Vierteljahrhundert nicht mehr gab.

Der 1920 im heute tschechischen Krnov geborene, 2004 als Bibliothekar in Gotha verstorbene Cibulka wusste um die Zerfallszeit von Staatsgebilden gegenüber den geologischen Zeiträumen der Steine. »In dieser Landschaft«, notiert er, »habe ich wieder das Spaziergehen gelernt (...), ein einfaches Gehen, Schritt für Schritt«, und dabei entwickelt der Spaziergänger ein intensives Gefühl für den die Landschaft formenden Kalk. Dornburg erinnert ihn an eine Enklave der umbrischen Höhlensysteme, die er als junger Soldat im Zweiten Weltkrieg in Italien kennengelernt hatte. Dann senkt er seinen Blick in die Tiefe zu den chthonischen Elementarkräften, die am Zustandekommen dieser Landschaft mitgewirkt haben, bis sie zu jenem Aufenthalt geworden ist, welcher dem Betrachter die Geborgenheit schenkt, aus der Zeitgeschichte auszusteigen und ganz bei sich selbst zu sein, sei es auch nur für die Momente des Gehens, Umhersehens und Schreibens. Die geologische Zeit des Ortes diffundiert auf wundersame Weise in die Gegenwart des Betrachters:

> *[D]ie topographische Lage der Dornburger Schlösser ist ungewöhnlich für den mitteldeutschen Raum. Sie liegen auf einem mächtigen Kalksteinblock, zusammengedrängt, wie Vogelnester an den Felsen geklebt, ganz auf sich gestellt, hart am Abgrund der Wand. Die ganze Anlage mit ihren horizontalen Terrassen, den beschnittenen Laub-*

wänden, dem Rosengarten, dem sonnengelben Fels, das alles erinnert mich an die Landschaft in Umbrien. (...) In einer solchen Gegend können die Urlauber keine Initialen in die Kalksteinwände einmeißeln, um das Fremdenbuch der Landschaft durch ihre Namen zu verschönern, diese Steine zerbröckeln bereits unter dem Fuß.

Es ist längst Nachmittag geworden, höchste Zeit, dass ich mich von Dornburg verabschiede und meinen Rückweg antrete. Ich nehme die Route in südöstlicher Richtung über den Tautenburger Forst. Hinter dem Stahlviadukt über die Saale führt die Landstraße an einem Rewe-Supermarkt vorbei. Nach hundert Metern wende ich mich rechts in eine Seitenstraße, die hinter dem Ortsausgang womöglich ans Ende der Welt, mindestens jedoch in eine stille Tallage einmündet. Dichte Laubwälder zu beiden Seiten der sanft ansteigenden, südlich mäandernden Hänge, denen die Straße folgt: Rotmilan- und Bussardgründe. Drei Autos überholen mich.

In meinem Wunsch- und Lieblingsort Tautenburg laufen viele Fäden zusammen; Friedrich Nietzsche versuchte hier im Sommer 1882 erfolglos, das Herz von Lou von Salomé zu gewinnen, der Expressionist Reinhard Johannes Sorge notierte 1912 das erste Drama, *Der Bettler*, welches Filmprojektionen miteinbezieht, Max Reger komponierte 1915 am Ort sein auf Friedrich Hebbels Gedicht »Seele, vergiss sie nicht« basierendes *Requiem*, Joachim Ringelnatz und Ricarda Huch schätzten gleichermaßen die verborgene Sommerfrische. »Der Wald kommt zu mir ins Fenster herein«, schrieb der Filmkritiker Béla Bálazs vom zeitvergessenen Aufwachen in einer Tautenburger Pension während der turbulenten 1920er-Jahre. Inmitten der ausgedehnten Wälder des Gleisbergplateaus oberhalb des Dorfes befindet sich seit 1960 die Thüringer Landessternwarte; sie beherbergt das größte in Deutschland stehende Spiegelteleskop.

Unter dem Sonnenschirm im Vorhof des Gasthauses ›Zur Tautenburg‹ erhalte ich Kaffee und Kuchen; auf den anderen Stühlen eine aus Suhl im Thüringer Wald angereiste Gruppe von Hobby-Astronomen in einheitlich blauen T-Shirts und Schirmmützen. Ein imposanter rotbraun gescheckter Kater reibt sich am Tischbein und blinzelt mit seinen Samtaugen. Die Wirtin nennt ihn Garfield. Ich sitze sorgen- und gedankenleer im Schatten, bis mir einfällt, dass ich noch Wald, Feld und baldige Dämmerung bewältigen muss. Steile Schrägen mit Obstbäumen, Weiden und verbuschtem Gesträuch umgeben das Dorf. Von dort krächzt die Stimme eines Kolkraben, während in der Nähe ein Hahn loskräht. In den Vorgärten stapeln sich hoch aufgeschichtete Holzstapel. Die Schwalben auf den Drähten sammeln sich. Ein Bauer treibt seine Gäule von der Koppel in die Scheune hinab.

Vom Parkplatz vor der Wirtschaft führt ein Hangpfad hinter den Gärten der Gehöfte zur im 18. Jahrhundert verfallenen Burgruine des Schenken von Tautenburg hinauf, die eher einem schlanken Turmpfeiler ähnelt; ein wenig unterhalb steht die restaurierte Fassung jener Bank, in die Friedrich Nietzsche den Spruch »Glattes Eis / ein Paradies / für den der gut zu tanzen weiß« mit seinen und Lous Initialen hat eingravieren lassen. Ich gehe eine nicht endende Stunde aufwärts durch windstille Buchenwälder, die Tautenburg wie ein undurchdringlicher Laubgürtel umgeben. Der gelegentliche Schrei, das *giek* eines Sperbers, eines Habichts oder Schwarzspechts machen den Wald mit dem vom Blattgrün der Kronen gedimmten Tageslicht märchenhaft verwunschen – ein Dornröschenland.

Ich trete oberhalb von Tautenburg aus dem Wald und gehe vorbei an Streuobstwiesen und Schafweiden über das weite, trockene Plateau auf der Ostseite des Alten Gleisbergs. Weiter östlich erstrecken sich eintönige Maisfelder, Reihen von Windrädern, hinter dem Berg im Osten rückt die Autobahn bei Eisenberg gefährlich nahe. Der staubige, über Schotter, Scherben und Bruchsteine führende Feldweg, den ich entlangschreite, ist eine breite Allee, von Eichen und Kastanien gesäumt, die bereits den napoleonischen Durchmarsch erlebt haben. Zur Rechten die verzweigten Waldhänge und Flanken des Gleisbergs. Auf der kahlen Anhöhe oberhalb von Bürgel mache ich Rast. Ich befinde mich auf der Poxdorfer Höhe, lese ich. Steinerne kreisförmige Fundamente im mageren Rasen. Ein gewaltiger Eichenrumpf. Ein herausgehobener, den Winden ausgesetzter Punkt, der weithin über das Saaletal zu schauen erlaubt, ich kann im Süden die Leuchtenburg bei Kahla erkennen. Der Vollmond ist aufgegangen.

Ich durchquere das Land- und Ackerstädtchen Bürgel, in der DDR für sein Steingut und eine als Geheimtipp gehandelte Eisdiele bekannt; seltsam verzwergt liegt es an den südlichen Ausläufern des Gleisberges, wo der Muschelkalk in Buntsandstein übergeht. Das schöne mittelalterliche Badertor an der schroff nach Thalbürgel hin abschüssigen Felskante ist aus rotem Buntsandstein gehauen.

Am ehemaligen Klosterteich Thalbürgels sehe ich eine Schar von Kindern wie eine bukolische Reminiszenz inmitten von Ziegen spielen. Hinter den burgartig getürmten Sandsteinklippen zweige ich, unmittelbar vor dem Seniorenheim am Ortsausgang, scharf nach links ab, gehe durch monotone Nadelwälder und sumpffeuchte Wiesen über blassen, lose bröckeligen Sandsteingrund, überquere am Fachwerk des mittlerweile leer stehenden Landgasthofes ›Zu den Ziegenböcken‹ die Bundesstraße und arbeite mich mit der Taschenlampe durch Forstschneisen bis zum Kurpark von Bad Klosterlausnitz vor. Die Dämmerung ist längst hereingebrochen. Statt auf Sicht bin ich nur mehr nach Gefühl und Erinnerung unterwegs. Ich habe die Schemen der schönen, sandsteinbraun ebenmäßigen romanischen Klosterkirche beim Hinabgehen wahrgenommen; und schließlich Bad Klosterlausnitz verlassend erklimme ich den gepflasterten Steilhügel im Süden und quere hinter diesem die Schienen der Holzlandbahn.

Ich gehe nur noch wie automatisch, mit nahezu tauben Knochen durch den Wald, ich spüre noch, obwohl ich mich scharf links halte, den Fahrtwind der entgegenkommenden und mich überholenden Wagen, bis ich im Freien auf der Autobahnbrücke stehe. Von hier aus habe ich bereits als Kindergartenkind den Autos zugewinkt. (Ich weiß zugleich, dass das nicht ganz stimmt. Beim Ausbau der Autobahn in den späten Neunzigerjahren ist diese Brücke um hundert Meter nach Westen versetzt worden.) Rechter Hand die Lichter meines Herkunftsdorfs, zwei lange, dem Lauf des Erlbachs folgende Straßenkilometer auf grauem Sandsteingrund. Eine windige Kuppe, Schneidemühle und Wasserturm die ersten Wahrzeichen, ein Birkenwäldchen um den Sportplatz, auf dem im Jahr meiner Geburt ein sowjetischer MiG-Düsenjäger abstürzte. Er war vom 50 Kilometer entfernten Nobitz bei Altenburg gestartet und meldete einen Schaden am Triebwerk; statt sich mit dem Schleudersitz zu retten, habe der Pilot sich mit seiner Maschine in den Acker gebohrt, um das nahe Dorf vor möglichem Schaden zu bewahren, erzählte man sich später im Ort.

Eine Bahnfahrt im Spätsommer führt mich entlang der weiten strohgelben Stoppel des Thüringer Beckens, spreugesprenkelte Ackerfurchen wellen sich von Nordwest nach Südost. Neben dem Bahndamm dürres Pfeifengras, Goldrute, Brombeerhecken, welke Gräser, die Sonne vom Harzrand gegen das Fenster flutend – Vormittag über den Karstwäldern und der unsichtbaren Grenze, die ich mit dem Zug überschritten habe, ›hinüber‹ gefahren, von Ellrich nach Walkenried, bei blasser Wolkendecke und trockenem Grün der Waldflächen und -kämme. Firouz Vladi war fast vier Jahrzehnte Geologe des Landkreises Osterode am Harz, inzwischen ist er im Ruhestand und ehrenamtlich im Vorstand des Karstwanderwegvereins tätig. Am Bahnhof von Osterode begrüßt er mich auf gut Hamburgisch mit ›Moin‹. Es ist einer der letzten Augusttage, die unerträgliche Glut des Sommers beginnt allmählich abzuflauen. Goethe-Geburtstag.

Firouz Vladi erzählt mir, wie in seinem Dörfchen Düna oberhalb Osterodes wegen des Rekordsommers 2018 zwischenzeitlich die Wasserversorgung zusammengebrochen sei, eine Katastrophe, die es sogar in die *Tagesschau* schaffte; das Wasser musste mit Tanklastwagen verteilt werden. Ich frage ihn, was ihn eigentlich von der Alster an den Südharzrand verschlug. Er kneift die weißen Augenbrauen zusammen und blinzelt mir zu.

»Ich kam Ende der 1960er als junger Geologiediplomand hierher und erhielt den Auftrag, ein Gutachten zu verfassen, welche Flächen der Region als Naturschutzgebiete auszuweisen und damit dem industriellen Gipsabbau zu entziehen wären. Die Leute, die ihr Land an die Steinbruchbetreiber verkaufen wollten, hassten mich damals wie die Pest. Inzwischen sind sie mir dankbar. Und ich blieb und begann mich mit dem Karst zu beschäftigen. Eine Lebensaufgabe. Der Wanderweg ist allerdings ein Ost-Import, erst 1988 war ich mithilfe des Kleinen Grenzverkehrs das erste Mal ›drüben‹ – von wo Sie ja stammen – und war begeistert von dem Karstwanderweg, der dort damals schon zwischen Nordhausen und Sangerhausen existierte. Aber kommen Sie. Am besten kenne ich mich eigentlich mit den Höhlen im Karst aus. Vor Jahren war es leichter, hinabzusteigen. Man war weniger beleibt und der Naturschutz drückte noch ein Auge zu.«

Er führt mich ins hinter Düna gelegene Hainholz – fast alle Karsterscheinungen des Südharzes liegen hier auf engstem Raum beieinander, bestätigt Firouz Vladi – und zeigt mir nach einigen Dolinendurchquerungen, vorbei an der Schluchtwanne des sogenannten ›Pferdeteichs‹, und Blicken in Schlotten und Erdfalltrichter, Vorangehen auf unebenem, vom Wasser unterhöhltem Terrain den Eingang zur gut erforschten Jettenhöhle. Früher durfte man sie umstandslos betreten: »Ich weiß noch, wie ich in den Siebzigerjahren Dutzende Schulklassen da hineinführte. Heute ist das wegen des Einsturzrisikos und zum Schutz der seltenen Fledermausarten, die ihr Winterquartier dort haben, untersagt.«

»Was ist das für ein großer trichterförmiger Stein, der wie ein natürlicher Brückenbogen wirkt?«, frage ich ihn.

»Anhydrit«, erklärt er, »er bläht sich sozusagen auf und dehnt sich unter stetigem Zustrom von Wasser aus, während der Gips zerbröselt, Höhlen bildet, also zwei gegensätzlich reagierende Gesteine, Anhydrit und Gips, die beide zusammenwirken in unserem Karst, beide vom Wasser geformt. Die Geologie des hiesigen Karstgürtels ist derart komplex, dass sie im Detail noch gar nicht erforscht ist. Nehmen Sie das extrem seltene Phänomen der Schlotten. Es gibt bislang keine einzige Arbeit, die sich detailliert dem Vorkommen und der Entstehung von Schlotten in unserem Karst gewidmet hätte. Vor hundert Jahren sprach hier überhaupt noch niemand von Karst.«

Er erzählt mir die Geschichte der um 1750 in einer Schlotte des Hainholzes gefundenen steinzeitlichen Säugetierknochen, die man nicht zuordnen konnte. Ähnlich dem vermeintlichen Leibniz'schen Einhorn in der nahen Einhornhöhle. Die Göttinger Gelehrten wussten sich keinen Reim darauf zu machen. Verglichen sie in London mit Gebeinen afrikanischer Zirkustiere. Erst im Vorfeld von Darwins Evolutionstheorie und der Kenntnis vergleichbarer Funde hat man sie schließlich dem ausgestorbenen Wollnashorn zuschreiben können. Im lateinischen Namen führt es heute den Namen des Göttinger Anatomen Blumenbach, der es als Erster nicht als Relikt der biblischen Sintflut, sondern als hier vor Zehntausenden von Jahren unter anderen klimatisch-räumlichen Bedingungen – die kalten Eiszeiten, die warmen Zwischenzeiten – hierzulande heimische Art bestimmte.

1979 war Firouz Vladi mit der Speläologin Kathrin von Ehren beim Klettern in der benachbarten Lichtensteinhöhle. Seine Freundin hatte sich im Innern der Höhle aus Neugier in eine winzige Öffnung gezwängt. »Ich bekam Angst um sie und wusste nicht, wie wir sie da hätten herausholen sollen, wenn sie sich eingeklemmt hätte«, sagt er. Kein Hilfeschrei, sondern ein Laut des Erstaunens drang jedoch aus dem Loch, das sich hinter ihr geöffnet hatte. Sie war auf Menschenknochen gestoßen, eine dreitausend Jahre alte Begräbnisstätte einer bronzezeitlichen Großfamilie, deren Gene noch heute unter den Bewohnern dieser Gegend nachweisbar sind. Die Nachbildung der Lichtensteinhöhle befindet sich mit all den Grabbeigaben mittlerweile im Höhlenmuseum von Bad Grund, der ursprüngliche Eingang ist aufgrund von Erdbewegungen heute verschüttet und nachträglich verschlossen worden.

Wir sind aus dem Hainholz zurückgekehrt und trinken wieder Tee, guten persischen Schwarztee aus filigranen Silbertassen, Erbstücken seines Vaters, der 1931 aus dem nordwestpersischen Tabriz nach Hamburg gekommen war und ein Handelshaus begründet hatte. Von der väterlichen Mitgift ist Firouz Vladi außerdem die Sorge um das islamische Gräberfeld in Hamburg und die Mitgliedschaft im Beirat für islamischen Religionsunterricht in Niedersachsen geblieben. Er hat es sich zum Ziel gesetzt, die schon lange im Landkreis lebenden und die neu als Flüchtlinge hinzugekommenen muslimischen Familien gleichermaßen für die Natur und die Schönheiten des Karsts zu begeistern. »Das ist alles andere als leicht und selbstverständlich und wie überhaupt bei Stadtbewohnern nur mit zäher Geduld zu erreichen. Aber es gibt Erfolge. Einige von ihnen kommen nun öfter hierher zum Wandern.«

Es sind die Geschichten, Anekdoten, Erzählungen, die eine Landschaft verlebendigen, dem Ort seine Aura geben. Und Firouz Vladi ist ein begnadeter Geschichtenerzähler. Er macht mich beispielsweise auf den berüchtigten Karstmörder Rudolf Pleil aufmerksam, der unmittelbar nach dem Zweiten Weltkrieg Frauen unter dem Vorwand, ihnen über die von Militärposten bewachten Sektorengrenzen zu helfen, ausraubte, mit Hammer oder Beil erschlug, vergewaltigte, allein oder mit zwei weiteren Komplizen. Pleil führte eine verwahrloste Existenz, verbrachte Kindheit und Jugend im Grenzland zwischen dem Erzgebirge und Tschechien, jobbte als Kellnergehilfe, Matrose, Hilfsarbeiter, war in Schiebergeschäfte verwickelt. Seine Schwester wurde als Epileptikerin aufgrund der damals geltenden Gesetze der Nazis zwangssterilisiert, er selber war der Sterilisation im Durcheinander nach dem Bombardement Hamburgs knapp entgangen.

Die Himmelreichhöhle zwischen Ellrich und Walkenried – zwischen KZ und Kloster – wurde Pleils Schädelstätte, im Wahn empfahl er sich schließlich dem Bürgermeister von Vienenburg am Westharz als Scharfrichter und bezeichnete im dortigen Brunnenschacht zerstückelte Leichen als sein Gesellenstück. Die Anklage warf ihm 10 Morde vor, in seinem in der Haft entstandenen Lebensabriss *Mein Kampf* brüstete er sich gar mit 25 Morden; 1958 erhängte er sich fünfunddreißigjährig im Zuchthaus von Celle.

Eine Wiederauflage dieser Karstverbrechen schien sich in der Wendezeit um 1990 zu ereignen, sechs unaufgeklärte Morde in derselben Gegend, eine Zeit lang machte die Polizei einen Fleischergesellen aus Walkenried dingfest, den sie mangels Beweisen wieder laufen lassen musste. Besonders heimtückisch ein Mord am großen Karstsee bei der aus Ellrich kommenden Bahnstrecke am Himmelreich an einem jungen Geologen aus der DDR, der zum erstem Mal von der neuen Freiheit hatte Gebrauch machen und den Karst auch auf der Westseite in Augenschein nehmen wollen. Ihm wurde von hinten in den Rücken geschossen, sein mitgereister Kollege überlebte schwer verletzt. Oder, weiter zurück, die Geschichte der nah gelegenen, von Napoleon geschleiften Ruine Scharzfels, Staatsgefängnis des Königs von Hannover, und der Zofe, die der Prinzessin heimlich ihren unstandesgemäßen Geliebten zuführte: Sie wurde lebenslang in den Karst verbannt. Firouz Vladi erzählt die Geschichten im selben Atemzug, in dem er mir die geologischen und paläontologischen Phänomene der Gegend erklärt. Ein nach allen Richtungen hin schürfender Chronist des Karsts.

Karst ist nicht gleich Karst, erklärt er mir, als ich Istrien und die Causses erwähne. Das Erscheinungsbild der Landschaft ist auch eine Frage des spezifischen Gesteins, welches verkarstet.

»Neben dem Gips dominiert bei uns der Dolomit. Gehen Sie in die Tropen, dort verkarstet sogar der Granit. Aber hier, diese Gipskarstlandschaft ist einmalig. Leider immer noch von der Industrie heiß begehrt, reiner Gips. Die Naturschützer möchten den Abbau am liebsten eingestellt sehen. Ein Biosphärenreservat wie weiter nördlich die Elbtalaue am Grünen Band, das wäre der Traum. So prallen hier die Interessen aufeinander. Im Osten, Thüringen und Sachsen-Anhalt, sind sie schon weiter, die Gipssteinbrüche werden renaturiert. Kennen Sie die Gegend hinter Nordhausen? Die Rödigsdorfer Schweiz? Kennen Sie Questenberg? Das müssen Sie sich anschauen, wenn Sie mitreden wollen. Hier, dieser Wanderführer ist neu. Druckfrisch.«

Er schenkt mir eine auffaltbare Karte des Karstwanderwegs, ein wetterfester, blau umrandeter Leporello, der gut in die Jackentasche passt, die Route von West nach Ost Seite um Seite umklappbar, die hervorgehobenen Orte, Markierungen, Karsterscheinungen umseitig beschrieben. Ich bekomme Wanderlust. Die einzige Möglichkeit, in meinem aufgewühlten Zustand wieder Boden unter den Füßen zu gewinnen, ist loszugehen, über den bodenlosen Karst. Sattes Spätsommerlicht trägt mich zunächst jedoch wieder südostwärts auf demselben Gleis nach Thüringen, auf dem ich am Morgen aufgebrochen bin. Firouz Vladi verabschiedet mich mit dem Gruß des echten Höhlenforschers: »Glück auf!«

Ich muss an Abbas Kiarostamis Film *Der Wind wird uns tragen* denken, weil es gleichermaßen die Geschichte eines Menschen ist, dem Stück für Stück der Boden unter den Füßen entzogen wird, bis er sich allein, ausgesetzt, abgeschnitten, eingebrochen fühlt. Der Boden, dem er vertrauen zu können glaubte, erweist sich als trügerisch. Das einzige Element, dem er sich noch anvertrauen kann, wäre der Wind. Aber von dem ist ungewiss, wohin er weht. Weshalb war mir der Film so nahe?

Kiarostamis Protagonist ist von einer fixen Idee besessen, nämlich den Tod einer Hundertjährigen im kurdischen Bergdorf abzupassen, das er mit seinem Filmteam aufsucht, und das Ritual der dortigen Klageweiber festzuhalten. Ist er ein Ethnologe? Ein Filmemacher? Ein Künstler, Fotograf, Dichter? »Ein Baum, groß wie einer der Träume Gottes«, zitiert seine Stimme im Voiceover den Lyriker Sohrab Sepehri beim Näherkommen des Landrovers auf den endlos sich windenden staubigen Serpentinen im Gegenlicht. Im Hintergrund die Wildnis der Berge, im Vordergrund das mit Äckern und Weideland kultivierte Tal.

Der reale Baum in der Landschaft, der den Eingang zum Dorf markieren soll, ein Schatten spendender, mächtiger, grüner Walnussbaum inmitten der Dürre, steht zu erhaben auf einer Anhöhe, als dass die Männer im

Wagen ihn sähen; die Kamera zeigt ihn uns in einer Totalen. Das Dorf im Karst: ein labyrinthisches Gewirr von Gassen, Treppen, Balkonen, mit dem Gestein verwachsener Lehm- und Ziegelmauern wie bereits in den früheren, im Nordwesten Irans gedrehten Streifen Kiarostamis, seiner *Koker*-Trilogie. Hier nun fragt sich Kiarostamis Protagonist, ein Junge aus dem Dorf ihm zur Seite agierend – ein Wiedergänger jener Jungen, die Kiarostamis frühe Filme bevölkern –, seine fixe Idee beharrlich verfolgend, nach dem Zustand der Greisin durch. Die Leute speisen ihn mit ausweichenden Antworten ab, es ist ihnen sichtlich unangenehm, auf diese Art von außen abgelichtet zu werden. Sein Team langweilt sich, bleibt zum Nichtstun verurteilt, solange die Hundertjährige mit ihrem Tod auf sich warten lässt. Er selber bleibt rastlos, mal streift er allein, mal mit dem anhänglichen Jungen durchs Dorf und die Umgegend, immer ist er unterwegs, wie von etwas Namenlosen umgetrieben. Ein Fixpunkt bleibt dabei der Grabhügel oberhalb des Dorfs, weil sein Handy immer nur dort Empfang hat, um die Anrufe seiner Frau oder der Produzentin aus Teheran anzunehmen. In seinem nimmermüden Unterwegssein ähnelt er jenem Selbstmörder, der im Zentrum von Kiarostamis vorigem Film, *Der Geschmack der Kirsche*, steht und auf den staubigen Passstraßen in der Umgebung Teherans verzweifelt jemanden ausfindig zu machen sucht, der ihn nach dem beabsichtigten Suizid begraben würde.

Während seiner wegen des schlechten Empfangs permanent unterbrochenen oder abgebrochenen Telefonate mit Frau und Produzentin in Teheran, die für seine Probleme vor Ort wenig Verständnis zeigen, hat Kiarostamis Getriebener Zeit, sich auf dem Friedhof umzusehen. Zerstreut kratzt er an der Oberfläche und ein Knochen liegt zutage, ein menschlicher Armknochen, ein Ellenknochen, den er sich fortan unter die Windschutzscheibe seines Geländewagens legt. Dann ist da der Mann, der im Untergrund gräbt, man weiß nicht recht, wonach und wozu, und mit dem er sich, über die Öffnung des Loches gebeugt, unterhält, ohne ihn je dabei zu sehen.

Er findet heraus, dieser Gräber ist der heimliche Verlobte einer jungen Frau, welcher er in einem anderen Untergrund, einer Höhle im Dorf, beim Milchholen begegnet; die Gesellschaft der Kuh, in der er die Unbekannte antrifft, gibt der Szene etwas Surreales. Die Höhlen und Löcher im Film erwecken den Anschein von kommunizierenden Röhren – als grabe ihr Verlobter vom Friedhof einen Tunnel zu ihr hinab. Alle elementaren Vorgänge scheinen sich schließlich im Dunkel von Höhlen und Löchern abzuspielen und sich so der Darstellbarkeit zu entziehen: Geburt, Liebe, Tod. Die Karsthöhle wird zu einem Insignum des Unsichtbaren, des Abbildlosen, vielleicht eines Göttlichen, einer mystischen Erfahrung inmitten der profanen Dinge. Liebe scheint nur mehr möglich als unterirdische Verständigungsform.

Vor allem zwingt die Höhle Kiarostamis Sucher schließlich zum Handeln und bringt ihn so weit, von seiner fixen Idee abzulassen: Wieder einmal erfolglos mit dem Handyanruf in die Hauptstadt beschäftigt, wird er Zeuge, wie ein Erdfall oder ein Erdrutsch den jungen Gräber in seinem Loch verschüttet. Eine Staubwolke liegt über der Grube, der stumpfe Husten des Gräbers ist zu hören. Jetzt ist jede Minute kostbar und er rennt zum Wagen und fährt hastig in alle Richtungen, um Hilfe zu holen. Am Ende haben die herbeigeeilten Dorfleute den Gräber herausgezogen; zur Wiederbelebung muss er im Geländewagen des Mannes ins Krankenhaus der Stadt gebracht werden.

Seines Fortbewegungsmittels beraubt, lässt er sich auf dem Sozius des ebenso herbeigeeilten alten Landarztes ins Dorf hinunter chauffieren. Diese Mopedfahrt und das im Voiceover zu verfolgende Gespräch mit dem Landarzt gehören zu den schönsten Szenen der Filmgeschichte. Allein die knatternde Tour durch das bucklig weit in der Sonne liegende Terrain und die verblüffenden Worte des Landarztes zur Schönheit der Welt, zur Feier jedes einzelnen Augenblicks, zur Freude am Dasein, solang uns die Sinne dazu verliehen sind – die innere Ruhe, der Stoizismus dieses Landarztes heilen den Mann von seiner ihn umtreibenden fixen Idee. Sein Filmteam hat ihn längst verlassen, als die Greisin endlich stirbt und er Zeuge ihres Totenrituals wird – ohne seinen Film gedreht zu haben. Bei der Abfahrt wirft er den Ellenknochen in den aus dem Stein hervorbrechenden Fluss, dessen Strudel ihn mit sich forttragen.

Es ist ein lichter Braunschweiger Mittag, schwitzender Asphalt, Baustellen, Ampeln, die Springfeder des Stadtrings, ein Werktag draußen und in mir der Aufbruch, Sehnsucht nach dem Anderen, Entgegengesetzten, der

Archaik von Gesteinstrümmern, Quellen, dem zutage tretenden Erdinneren, dem Geschiebe, Geröll, der stummen Sprache von steinerweichendem Moos: der Zunge der Steine. Könnten sie, würden sie womöglich mit einer rilkeschen Geste sagen: Einfach *sein*. Ich bin der Stein. Und ein wolkenloses Himmelblau über allem, als brandete und bräche hinter den ersehnten Klippen das Meer. Beinah bin ich zu spät losgegangen. Salzgitter-Ringelheim: ländlicher Bahnhalt, östlich die Kammlinie des Hochharzes von Nord nach Süd zu sehen, tiefblauer, beinah schwarzer Granit, eine Wand im blauen körnigen Zenit.

In Osterode steigen vom Unterricht heimkehrende Schüler zu. In Herzberg am Schloss klettere ich mit einer Schar von ihnen aus dem Zug und folge, hinter der Wegbiegung die Schienen überquerend, ostwärts der Wegmarkierung mit dem roten ›K‹, die Stadt im Rücken. Das ›K‹ wird die nächsten Tage über mein Richtungsanzeiger sein. Überhole beim Gehen den Schlossberg hinauf ein Mädchen mit weißem Baumwollkopftuch. Überquere erneut die Bahnschienen, passiere einen Dolomitsteinbruch, auf freiem Feld, vor mir im Süden liegt die Ausdehnung des Pöhlder Beckens: eine gips- und dolomitgraue Savanne mit gelbgrauen Feldstoppeln, geschwungenen Trockenrasenflanken, Kiesgrubenlöchern, eine staubige Straßenpiste zieht sich hindurch. Noch suche ich in den Rhythmus des Gehens hineinzufinden.

Vor der Ortslage von Pöhlde durchfließt die Oder das Becken, ein stiller, aus dem Harz hinabrollender Bach, der die Wasserscheide zwischen Weser und Elbe bildet. Hier, wo ich hinter zusammengewachsenen Augenbrauen scheel betrachtet werde, stand vor tausend Jahren eine Kaiserpfalz. Die unmittelbaren Grenzorte im Westen, das ›Zonenrandgebiet‹, wirken zumindest hier am Harz oft abgelegener und verlassener als ihre Pendants im Osten. Ein Typ mit Rudi-Völler-Frisur radelt bei der Kirche an mir vorüber, grüßt und fragt, woher ich komme. Braunschweig liegt bereits sehr weit weg für ihn.

Die Route macht seltsame Kehren und Wendungen, entlang eines stillgelegten Bahndamms wandere ich weiter zur größten Karstquelle im norddeutschen Raum. Auf einem zugewachsenen Grundstück neben dem Damm flattert Wäsche, laute dissonante Musik dringt herüber. Als ich die Rhumequelle gegen fünf Uhr nachmittags erreiche, lege ich eine erste Rast ein. Ein großes Quellloch öffnet sich in der bewaldeten Senke, die hinter dem Städtchen Rhumspringe, das ich nur am Ortsausgang streife, beginnt. Ich blicke auf das unbewegte, tiefblaue, an manchen Stellen schwefel- oder kristallinblaue Wasser, klar am Quellenrand. Kleine Strudel zittern über die Oberfläche. Die Karstquellen der Umgegend fließen am hiesigen Hauptquelltopf zusammen und werden daraufhin der Rhume zugeführt.

Ich verlasse den Wald bergan steigend, auf der Kuppe blicke ich nördlich auf die Niederung vor Scharzfeld und Barbis zum Harzrand mit seiner dunklen Wald- und Gipfelsilhouette hin. Spätseptemberdunst: Sie pflügen und eggen auf den Äckern. Eine mächtige alte Eiche am Weg vor mir zwischen Feld- und Wiesenland, »größer als einer der Träume Gottes«, weidende Pferde, hagebutten- und weißdorngesäumte Hohlwege, die Wüstung Königshagen ist als Flurname am auf und ab mäandernden Pfad geblieben, dessen großes ›K‹ ich bisweilen aus dem Blick verliere. Dann öffne ich den Kartenspalt und frage mich, wo ich bin, gehe auf gut Glück weiter über die Koppel, an neugierigen Pferdeaugen vorbei, bis die Markierung wieder aufgetaucht ist. Weshalb kommt mir dieses alte Grenzland so märchenhaft, so eichendorffhaft verzaubert vor? Plötzlich weiß ich es: Es fehlen die durch die Luft gezogenen Drähte, die Strommasten, nichts behindert den Blick; im Rücken die Windränder, die ich einmal hinter einer Kuppe, vielleicht schon auf Thüringer Seite, rotieren sah, stören mich diesmal kaum.

Ich nähere mich Bartolfelde, meinem Rastort für die Nacht, mit der hereingebrochenen Dämmerung über die Westersteine, eine von Buchenwald umgebene Zechsteinkuppe, klettere Triften und eine Bachschwinde hinab, die Silhouette eines Schimmels erscheint am Dorfrand, die Männer der Freiwilligen Feuerwehr haben Licht vor ihrem Spritzenhaus am Dorfanger, ich frage sie nach der Pension.

Seltsam, wie sich im Karst immer wieder die Verwerfungen und Katastrophen der Erd- und Menschengeschichte begegnen: In den Steinbrüchen und Höhlen entlang des heutigen Karstwanderweges geschah nicht nur die Fertigung der V2-Rakete, in den Konzentrationslagern von Ellrich, Dora, Mackenrode, die Gefangenen mussten dort zudem in nur sieben Monaten, mitten durch den unebenen Karst, 22 Kilometer Bahndamm aufschütten und Schienen verlegen, die sogenannte ›Helmetalbahn‹, die nie genutzt worden ist. Ein auf Knochen errichtetes Gleisbett, das der Karstweg kreuzt.

Er führt hügelauf, hügelab an ausgetrockneten, versiegten Bachbetten und Schwinden vorbei, bei den Gehöften von Steina und Ichte, schließlich über den porösen Asphalt der Fernstraße am Grünen Band. Am ehemaligen Grenzpunkt ein Schild: »Hier waren Deutschland und Europa bis zum 12. Dezember 1989 um 19.30 Uhr geteilt.« Die Erdfälle des Karsts erinnern mich fast schon aufdringlich an die Kriegs- und Nachkriegsbombentrichter im gesperrten Muna-Wald meiner Kindheit.

Auf dem Hügelkamm hinter Klettenberg mit seinen weißen verwitternden Karstburgruinenmauern: Südblick ins Thüringer Becken, hoher Nachmittag, derselbe Ort, wo ich im Mai den vielstimmigen Vogelkehlenkanon aufnahm und kurzerhand verschickte. Anstatt der Vögel pfeift nun der Wind, der den Staub fortweht, die Blätter von den Bäumen trägt. Straßenlärm im Tal. Nur die Sonne ist dieselbe, wenn auch um das Nichts eines Jahrdrittels gealtert.

Zu den Unwägbarkeiten und Unwegsamkeiten des Karst-Gehens gehört, dass es selten eine ›Ebene‹ des Gehens gibt, keine Fläche, auf der die Füße permanent Halt hätten und der Kopf ganz unbeschwert ins Weite blicken könnte. Du musst andauernd auf den Boden achten, deine Augen werden zur Erweiterung der Füße, das Stolpern einkalkuliert. Von einem Schritt zum nächsten entwickelt sich der Weg, die Welt entsteht erst unter deinen Füßen, während du gehst. Nur in diesem Schrittmaß kannst du den Karst vermessen, anders geht es nicht.

Das ältere Paar, das ich auf der Gipskuppe der Sattelköpfe treffe, er am Stock, sie voran. Er sagt, nach der Wende habe er als Elektronikfacharbeiter umgeschult und sich in der Freizeit mit der Verarbeitung von Gips beschäftigt. »Kennen Sie den Spruch? Gips hat zwei Feinde: Wasser und Feuer. Gips hat zwei Freunde: Wasser und Feuer. – Es kommt alles auf die Temperatur an, mit der Sie ihn brennen. Die Baumeister im Mittelalter wussten das. Brennen Sie ihn auf 800 Grad und er wird mörteldick.« Ich denke an die zerbröckelnde, verwitternde Ruine aus Gips, an der ich in Klettenberg vorbeigegangen bin.

Lästige, aus dem Nichts in den feuchten Waldtriften auf Haut und Kleidung landende, sich wie Kletten anhaftende, große zeckenartige Insekten, die ich auf dem Weg zwischen der Gudersleben Niederung am Igelsumpf und der Hirschbachtalschwinde abzuwehren habe. Oberhalb bei der Gedenkstätte stehen die Barackenreste des Konzentrationslagers Mittelbau-Dora, unterhalb bei den Salzawiesen ist eine Kuh von der Weide auf den Weg getreten. Als sie mich sieht, schlüpft sie zwischen den Drähten des Weidezauns hindurch und schreitet gemächlich zur Weide zurück.

Ich habe mich in der Dämmerung am Nordrand Nordhausens verirrt, nahe der in einem lang gestreckten flachen Bett eingefassten Salzaquelle. Welcher Weg führt zu meiner Unterkunft? Hinter dem Freibad stottert ein Bagger auf einer niedergerissenen Fabrikfläche, davor ist ein Wall aus Bauschutt errichtet. Auf der Baustelle eine Versammlung von Glatzen, jeder eine Bierflasche in der Hand, glotzende Augen, Tätowierungen bis an den Hals: »Hier geht's nich weiter, das is eine private Baustelle.« Die anderen grinsen zu den Worten des Langen, den ich nach dem Weg fragte. Schweigende Feindseligkeit, die sich gegen mich aufbaut. Besser wieder verschwinden und das Weite suchen. Besser wieder über den Wall aus Bauschutt klettern, über den ich gekommen bin.

Jenseits laden eine blonde Frau und ein Mann Steine aus dem Schutt in ihren Anhänger. Sie weist mich auf die Brücke über die Salza hin. Eine neongrell gekleidete Familie mit an Dackelleinen gehaltenen Pitbulls begegnet mir. Einfamiliensiedlungen im Norden Nordhausens, matschige Bauplätze, Fußballrasen, Vereinsheime, Schrebergärten, am Bahnübergang das Schild mit dem Kaiserpfalzwanderweg. Hinter dem Stadtpark mein Hotel. Auf dem Zimmer fehlen die Handtücher. Im Restaurant reicht mir eine Kellnerin die Menükarte, Popmusik spielt aus den Boxen, die Küche schließt Viertel nach neun, der Koch, der den Lachs aus der Pfanne auf meinen Teller schob, nimmt seinen Rucksack und geht.

Der Karst als Hypothek. Rückzugsort, Enklave, Niemandsbucht. Was dich bedrückt, lass es mit dem Schweiß aus dir herausrinnen, während du gehst. Hier sucht keiner mehr nach dir.

Am Morgen steige ich den Mühlbergbuckel im Osten über Nordhausen hinauf. Der Weg führt zur Hochebene der Rüdigsdorfer Schweiz, ein weites

Gipsplateau, den Winden ausgesetzt, die Äcker in nördlicher Richtung verlaufend, unterhalb der leuchtenden Harzberge, von grauweißer Farbe, aber weit und leer und ausgelaugt, dazu Sturm, der darüber hinwegfegt, die Blätter mit sich trägt, ein Falke dreht einen Loop über die Feldstoppeln, dann ist er wieder dem Sturm überlassen, der mit mächtiger, Regen tragender Wolkenhand darüber hinwegstreicht. Es könnte ebenso gut Südfrankreich sein, das Zentralmassiv, die Cevennen, eine ebensolche Hochebene, bergiger Horizont, karg, menschenleer, dem Wind überlassen. Ein junger Mann kommt mir entgegen, mit schwarzem Käppi und olivgrüner Armyhose, starrt in sein Handy, grüßt nicht, biegt an der Weggabelung taleinwärts in die ausgelaugte Ackersteppe. Weithin das wellige Plateau zu sehen. Der Kammweg führt in ein lichtes Wäldchen mit harzigem Kiefernholz. Der Boden von Gipsknollen punktiert.

Auf den Hohlwegen oben auf dem Plateau bin ich trotz des umgebenden Waldes dem schneidenden Wind ausgesetzt, halte dem Sturm meine Breitseite hin. Die Niederungen hingegen sonnig und warm, ein schwarzer Hund, der einem Paar voranspringt, kommt mir entgegen und lässt sich kraulen. Samstägliche Stimmung: gelöst. Die Schlotte oberhalb des Hohlwegs bei den Klippen der Pfaffenköpfe ist geologisch gesehen ein Loch aus gegeneinander verbrochenen Schichten von Stinkgips, bitumenhaltigem Gips, klärt mich die Markierung auf.

Ein Wandererpärchen kommt mir bei der Schlotte entgegen, ich muss an Rumpelstilzchen denken. Der Mann weißbärtig mit Strohhut und lederner Krempe, hemdsärmelig und kurzbeinig, die Frau trägt zwei Paar Socken übereinander. Er zeigt mir sein Pendel, das er mit sich führt, um Wasserquellen zu bestimmen. Nur fünf Prozent aller Quellen weltweit seien ›rechtsdrehend‹, gesundes Wasser. »Sie sind der Erste, der uns je auf diesem Weg begegnet ist«, sagt er. Will alles wissen, wo ich herkomme und hinwill, drängt mir eine Broschüre mit Ferienunterkünften auf.

Weiter durch die sich s-förmig schlängelnden, von Buchen und Kiefern gesäumten Hohlwege, die wie gepflastert mit freistehenden Gipskalkschieferwülsten und -nasen sind. Wind, Wind, Wind, brechende Äste, quer liegende Stämme. Dann wieder freies Feld, eine abschüssige Polje, Tal von Dolinen oder Uvala, Kette von Bruchkanten, die sich hinab zum Ort Steigerthal reihen. Ich notiere: Verwitternde Hochebene. Der erste Mensch sein. Der letzte Mensch sein, auf einer leeren, ausgeräumten Welt.

Südblick auf Nordhausen. Die Domspitzen: Nadeln im Kissen der Talmulde. Sandstürme, saharisch, die ganze Felder mit fruchtbarem Humus abzutragen scheinen, durchziehen das Becken. Ich gehe durch das Dolinental Haselhai, ein abschüssiges, gebuckeltes Waldgebiet. Eine der unruhigsten, von Gegensätzen geprägten Bodenformationen, die ich je gesehen habe. Die Kegel aus wasserundurchlässigem Buntsandstein, die Trichter aus wasserlöslichem Gispkarst.

Der pendelschwingende Wanderer hat mir die Quelle empfohlen, die sich jenseits der vom Karstweg abzweigenden Landstraße befindet. Und da sehe ich sie, nachdem ich die Straße und den Acker überquere, unter einer buchenästeüberhangenen Muschelkalkwand, eine Öffnung in der Erde, aus dem Stein schießend, sich mit dem von oben herabplätschernden Rinnsal vereinigend, im Stein wieder versickernd, nur ein paar Meter unterhalb der Stelle, wo sie mit rauschender Gewalt herausbricht. Ich möchte sitzen bleiben und mich dem Sound dieser felsfrischen, nach esoterischer Auffassung rechtsdrehenden Quelle überlassen.

Der Tag geht im Zeichen des Wassers weiter, nachdem er mit Wind begonnen hat. Regentriefend durchschreite ich die dichten Buchenwälder um den alten Stolberg, wende mich nordwärts ab vom Karstweg, um zu meiner Herberge, der Wolfsmühle im Harzort Rodishain zu gelangen. Am Weg die alten Grenzwappen zwischen den Herrschaften Braunschweig-Lüneburg (das eingravierte Pferd, wie es noch heute die niedersächsische Flagge ziert) und Sachsen (der Löwe Augusts des Starken). Der Wald endet an einer Gispbruchwand, wo der Ort Stempeda beginnt. An der Wand war der Stollen eines weiteren KZ-Außenlagers in den Fels getrieben, die Öffnungen mit Stahltüren versiegelt. Unter alten Apfelbäumen schreite ich nordwärts über die Landstraße zur Wolfsmühle.

Die Stille während der Abenddämmerung, nachdem der Regen verzogen ist, am Himmel Klarheit mit treibendem Gewölk, Blau, rötliches Leuchten, der Waldrand wird zur Augenweide – eine Einladung, trotz der Erschöpfung wieder nach draußen zu gehen, draußen zu sein. ›Es geht sich aus‹, die österreichische Redensart: wie zutreffend.

Am nächsten Morgen geht es an Uftrungen vorbei weiter ostwärts. Ein Reisebus steht auf dem Parkplatz der Heimkehlenhöhle. Ich möchte auf der Route bleiben, das Tagesziel Großleinungen ist vierzig Kilometer entfernt. Das Elend sachsen-anhaltinischer Verwahrlosung in Rottleberode: kaputtgewirtschaftete LPGs, geduckte, oft unverputzte oder mit unmöglichen Farben bekleisterte Reihenhäuser, AfD-Plakate, Dorfstraßen als Schrottplätze, Gewerbegebiete als Seele der Landschaft. Von den Hügelrändern, über den Feldern widerhallende Salven, Geballer, die Jagdsaison eröffnet, Rottweiler springen beim Vorübergehen wütend ans Tor. »Wir schließen bald«, sagt die Frau an der Bäckertheke am Samstagvormittag.

Das Naturschutzgebiet Gipskarstlandschaft Questenberg wirkt wie eine von der peripheren Verwahrlosung verschonte Welt. Bei einer Kirschplantage über dem Wald steht eine Rastbank; Vogelgezwitscher, das Röhren der Landstraße hinter dem Berg, Kolkrabenkrächzen und Überschallmotor driften im grau gefleckten Himmel vorbei. Ich gehe weiter im laubhellen Karst.

Ein unter der Last seiner vielen Bucheckern gebeugter Buchenast, von scheu aus den Wolken tastender Herbstsonne angestrahlt. Windkreisel. Sehr ferner Straßenlärm. Unterhalb der Buche ein niedriger, mit Rotdorn und Eicheltrieben bewachsener Erdfall. Ein Bussard schickt seine spitzen, kehligen Schreie gleich Pfeilen durch die Luft. Die geöffneten Bucheckernkapseln in den Buchenästen: stumm schreiende Fledermausmäuler.

Der Weg biegt weiter durch den Wald nach Osten und bringt Südblicke nach Thüringen, in die Goldene Aue, auf die Talsperre Kelbra und den Kyffhäuserturm. Der nahe Hang birgt einen wertvollen Trockenrasen und verwildernde Kirschbaumwiesen. Wind und Wolken. Es wird Herbst.

Der Laubwald verleiht der Landschaft ein warmes und offenherziges Antlitz. Die Dörfer Breitungen und Agnesdorf leuchten nördlich des Wegs in der Talsenke, hinter der wiederum der Herbstwald ansteigt. Kasemattenartige weiße Gipsvorsprünge scheinen den Boden, auf dem ich gehe, anzuheben. Tief unter mir tut sich an der Felskante der Ponor des Bauerngrabens auf, eine kreisrunde, sporadisch mit Wasser gefüllte, in diesem Jahr trockene Schlucht, die mit dem Höhlensystem des Karsts kommuniziert. Ein Labyrinth rissiger, auseinanderklaffender, zerbrochener Gesteinstrümmer zeigt die verschlungenen Wege des Wassers in den Untergrund an. Eine Gruppe von Zechsteinbrocken wirkt wie der Rest eines Brückenbogens – als hätte man hier eine Burg gesprengt. Eine spalteng vorspringende Klamm schiebt sich wie eine zweite Mauer vor die lotrechte Wand des Bauerngrabens. Meine Hand gleitet über die Rillen im Gips, fingerdicke Vertiefungen. Die Buchen suchen die Haltlosigkeit des Bodens durch umso breitere Wurzelgeflechte an der Oberfläche auszugleichen.

›Mono no aware‹, sagen die Japaner zum Angerührtsein vom eigenen verschwindenden Selbst im Angesicht einer Landschaft – einer Landschaft, möchte man übersetzen, die zu Herzen geht. Als ich, vom Felsenriff des Bauerngrabens hinabkommend und die nach Roßla führende Landstraße überquerend, die lehm- und sandsteinrote Kuppe vor Questenberg hinaufsteige, habe ich dieses Gefühl. Angerührt vom Gras, das der Wind in Richtung Osten streicht, den Hügelhang hinab, der nordwärts, die nächsten Hügel fortlaufend, in dichte, vom Herbst schon angefärbte Laubwälder übergeht.

Die Talkerbe im Westen wird von der gipsweißen Wand bei Rottleberode und Uftrungen geschlossen – dort, wo ich am Morgen losgegangen bin. Die Kuppe des roten Berges über Questenberg mit seinem gelbdürren wehenden Gras zwischen alten Kirsch- und Pflaumenhainen ist von seltsam konzentrischen, kraterartigen Mulden überzogen. Ein archaischer Ort. Wenig später taucht der weiße Gipsfelsen mit der jedes Jahr zur Sommersonnenwende neu aufgestellten Queste auf, einem Holzkreuz mit großem rundem Laubkranz in der Mitte zwischen den Balken. Die Bewohner führen sich wegen dieser Tradition auf keltische Wurzeln zurück. Unterhalb des weißen Felsens liegt einem das Dorf mit seinen einfachen, gipsweiß verputzten Fachwerkhöfen zu Füßen, das auf der gegenüberliegenden Seite, nach Süden zu, ebenfalls weiße Gipsklippen umrahmen, auf der Seite nach Norden die Grundmauern einer Burg. Man wähnt sich anderswo: der Canyon von Questenberg, die Gorges de la Queste. Auch das ist Sachsen-Anhalt. Hier schlägt das verborgene Herz des Karstwanderwegs.

Die alte Streuobstwiese hinter Questenberg steht voll apfelsatter Wipfel, ganze Trauben von Äpfeln ziehen das Geäst zu Boden: Ich stecke mir davon, soviel ich kann, in den Rucksack, als wolle ich eine ganze Kiepe füllen. Hinter der Wegbiegung das aus der steinernen Einfassung schießende kalte

Quellwasser, das ein Waldbächlein speist. Aus dem Hügel tritt der vergitterte Schacht eines Stollens, in dem man früher nach Kupfererzen grub. Es sind Bussarde in der Luft. Das Trompeten von Kranichen, die sich zum Zug formieren. Auf dem weiten Wiesenplateau die Furche eines Feldwegs, Hochstände von Jägern, Steinhügel um einen alten mächtigen Eichenstamm. An der Gabelung zur ins Tal hinabführenden hohlen Gasse aus blankem, rillenzerfurchtem Gipskarren steht ein einfaches ziegelgedecktes Ferienhäuschen. Davor ein solider hölzerner Tisch mit nach Süden blickender Holzbank. Ein gepflegtes Gartenbeet. Neben der verschlossenen Tür ein gelber Kasten mit der Aufschrift ›Gästebuch‹. Ich setze mich auf die Holzbank, lasse mir die Sonne ins Gesicht scheinen und werfe einen Blick ins Gästebuch. Es gehört Ingrid und Peter Spiesecke aus der Klopstockstraße in Halle, die sich an die Vorbeigehenden richten: »Liebe Wanderer, wenn ihr müde seid, setzt Euch an den Tisch und rastet.« Ich blättere die Einträge durch. Es sind wenige, die sich hier seit zwei Jahren verewigt haben, manchmal über Wochen, gar Monate, besonders während des Winters, nichts, dann mehrere Namen am selben Tag hintereinander, Pfingsten, Sommerferien, der goldene Herbst mit dem Reformationstag. Fußwanderer, einzeln oder in kleinen Gruppen, eine Reiterin. Reinhard aus Leipzig wünscht sich ein Bier in Questenberg. Elfriede und Sebastian aus Bielefeld: »Uns gefällt der Südharz viel besser als oben im Norden.« Und »Antje aus Berlin, zu Besuch bei der Familie in Wallhausen«: »Schade, dass diese Gegend ein Geheimtipp ist ... Oder vielleicht auch nicht schade ...« Und Erika Micholewski aus Lengefeld bemerkt: »Die Verbuschung der Wege gegenüber den 1950er- und 60er-Jahren hat auch ihren Reiz.«

Trockenrasen begleiten mich, wellig, porös, und Sandsteinhänge gegenüberliegend, das Leinetal liegt unter mir, voll alter Streuobsthügel, Hohlwegtriften im Wald, der einen breiten Kessel bildet. Ich krieche unter einem quer liegenden umgestürzten Buchenstamm hindurch: Danteske Verwüstungen, Wurzelwerk hat sich vom bröckeligen weißen Karst gelöst, sodass der Baum allen Halt verlor und niederkrachte. Das Nebeneinander von Schönheit und Schrecken gehört ›naturgemäß‹ zum Karst – ein Lieblingswort Thomas Bernhards, dessen Roman *Das Kalkwerk* zu den düstersten, qualvollsten Lektüren angesichts dieses hellen Gesteines zählt. Alle Gefühle überkommen einen beim Gehen durch den Tag. Hin und weg. Berg und Tal wechseln sich ab. Wälderzungen. Säume. Wälder und Triften.

Die Abendstille bei Sonnenuntergang drei Kilometer vor Großleinungen, meinem Nachtquartier. Ein wundersam sich stetig in die Tiefe schraubender Hohlweg. Das Geräusch der Landstraße im Tal, oben ein Flugzeug, sehr nah schabt die Knochenmarkkehle eines Kolkraben an der Dämmerung. Alles da. Die Wolken scheinen für einen Moment stillzustehen, ehe sie der Dunkelheit anheimfallen: wie auf einem Gemälde von Poussin oder Corot.

Der Weg führt durch eine lange Weidetrift, Kühe grasen über dem Bach, es geht an Obst- und Gemüsegärten vorbei nach Großleinungen. Auf der Straße herrscht Dorfkirmes. Die Jugend strömt zum Festzelt. Eine Band spielt »It Never Rains In Southern California« nach.

Am nächsten Morgen werde ich vom schrillen Keckern der Falken am Nachbargiebel geweckt. Es gibt nichts Schöneres. Als ich Wolfram, dem Wirt, beim Frühstück in der Stube davon erzähle, beginnen auch seine Augen zu leuchten. Der rotwangige Jägermeister neben ihm wünscht mir frohe Stunden in der freien Natur.

Am Dorfausgang schwenke ich ostwärts in den Buchenwald hinauf; das Knirschen der Bucheckern unter meinem Tritt. Ich durchstreife die als ›Mooskammer‹ in der Karte eingezeichnete Hügellehne, klettere zwischen den ›Pferdeställe‹ genannten Dolinenschluchten, die mich an Steinbrüche erinnern, wenngleich sie natürlichen Ursprungs sind. An den Rändern der Dolinen hat es massive Abgänge ganzer Baumkuppen mitsamt dem Wurzelwerk gegeben.

Immer wieder komme ich an plötzlichen Absenkungen und Vertiefungen im Boden vorüber. Die Markierung über einem inzwischen verschütteten Höhlentrichter weist darauf hin, dass er in den Siebzigerjahren vom Geologenehepaar Völker speläologisch erforscht und in der Tiefe vermessen wurde; ein anderer Höhlenforscher kam nach Einsturz des Trichters nur knapp mit dem Leben davon. Reiner und Christel Völker haben sich mit ihren Feldforschungen große Verdienste um den Schutzstatus der Gipskarstregion im Osten erworben, bis heute veranstalten sie geführte Wanderungen in das von ihnen vermessene Gelände.

Am Ausgang der ›Mooskammer‹ wechselt die Gegend, das Wetter schlägt um in nieselgraue, tief liegende Wolkenwände über den Äckern, die zwischen der ›Mooskammer‹ und dem in den Harz führenden Morunger Forst liegen. Der Karst geht über in die seit dem Mittelalter vom Bergbau (Kupfererz, Eisen, Silber, Zinn) unterhöhlte Landschaft, wie sie das östlich gelegene Mansfeld prägt, in dem ich bereits zwei Jahre zuvor unterwegs gewesen bin.

Die Ruine Morungen, die ich zwischen umgestürzten Stämmen im Hochwald hinter dem Dorf Morungen erklimme, liegt auf einer bewaldeten Klippe mit Harzblick und soll der Geburtsort Heinrichs von Morungen sein, dem Minnedichter aus der *Manessischen Liederhandschrift*, der beim Sängerwettstreit auf der Wartburg den Preis davontrug und in Novalis' *Heinrich von Ofterdingen* Erwähnung findet.

Viel zu lange halte ich mich bei den von einem patriotischen Verein 1926 rekonstruierten Grundmauern der Morunger Burg auf, komme ostwärts der Straße folgend im dichten Nebeldunst vom Karstweg ab und verliere mich in einem immer tiefer und unheimlicher in den Harz hinaufführenden Nadelforstschlag. Als mir klar wird, dass ich mich verlaufen habe, hilft nur die Flucht nach vorn und ich stürze den vom Profil schwerer Reifen gezeichneten Serpentinenschlamm wieder hinab, entkräftet, bis ich den Karstweg gefunden habe, der keine zehn Kilometer weiter ostwärts endet. Die Temperatur ist gefallen. Der Regen strömt nicht nur, er peitscht mir auf den Leib. Ich bin durchgeweicht. Die Kälte kriecht unter die Haut. Es gibt nur eines: Es mit letzter Kraft nach Sangerhausen schaffen und dort den nächsten Zug nehmen. Alles, was ich an trockenen Sachen im Rucksack hatte, ist nass. Die Piste, aufgeweicht im eisigen Sprühregen, auf freiem Feld, im Unterholz, Rinderställe, Pferdekoppeln, Sommerlauben streifend, ist unter diesen Umständen plötzlich reizlos geworden.

In Obersdorf biege ich vom Karstwanderweg ab, werde den Endpunkt Pölsfeld somit nicht mehr erreichen. Das Walkmühltal mag bei Sonnenschein hübsch sein mit dem Kuriosum einer Seilbahn, die das Futter zu den Trögen der Viehweide befördert, bei diesem Wetter ist jedoch kein Tier zu sehen, kein Mensch, der sich blicken lässt. Autos überholen mich mit spritzendem Pfützenschwall. Die Hauptstraße zieht sich endlos. Der Tankstellenwart an der Einfahrt von Sangerhausen gibt mir eine verwirrende Wegbeschreibung zum Bahnhof. Auf halbem Wege halte ich inne und prüfe mit kältesteifen Fingern den Weg auf meinem Smartphone nach. Endlich kommt die viel zu große Bahnhofshalle in Sicht. Polizei patrouilliert davor. Auf der Toilette des Bahnhofscafés schäle ich mir die durchnässten Sachen vom Leib und tausche sie gegen die nur etwas weniger nassen aus dem regenweichen Rucksack.

Die Fußballrowdys mit den verdächtig schwarz-weiß-roten Fahnen werden von der Polizei geschlossen dem Zug nach Erfurt übergeben, mein Zug geht Richtung Kassel, von Halle kommend und voll an diesem Abend vor Beginn der neuen Woche. Aus dem Fenster des Zuges kann ich einen Teil der Strecke wiedererkennen, auf der ich die letzten Tage über gewandert bin. Blicke auf die sanften Südharzhänge, das Steppengelb der Trockenrasen, das jetzt unter dem Regenschauer liegt, das Herbstgelb der Laubwälder, im Süden das Becken um Kelbra, dem der Kyffhäuser entsteigt. Walkenried, Bad Sachsa rauschen abenddüster vorüber, vorüber all das, was ich die letzten Tage unter den Sohlen verspürte.

Erst jetzt weiß ich, spüre ich, was es bedeutet, wie es sich anfühlt, unterwegs zu sein, im Karst zu gehen, gegangen zu sein. Man geht durch alle Wetter, alle Stimmungen, beginnt mit sich selbst zu reden in der Einsamkeit – wie ein Idiot. Vergisst die Einsamkeit, vergisst sich, wird selber Weg, Stein, Bruch. Und beglückwünscht sich, wenn man wieder festeren Boden unter den Füßen hat. »Seine Miene war die eines vergnügt Verirrten«, heißt es in Peter Handkes *Die Obstdiebin* über den irregehenden »Erdforscher, der er vorgab zu sein«.

*

»Ist das, was wir hier vorhaben, nicht von Amts wegen verboten?«, frage ich Alexander, den Frankfurter Fotografenfreund, mit dem ich mich dem Himmelreichtunnel nähere, den die Bahn zwischen Walkenried im Westen und Ellrich im Osten durch das zerklüftete, buchengrüne Himmelreichmassiv schlägt.

Vor sechs Jahren reiste ich mit Alexander quer durch Bulgarien auf der

Spur der thrakischen Königsgräber und orphischen Kultstätten, vom Karst der Rhodopen und des Sakargebirges an der Grenze zu Griechenland und der Türkei bis hinauf an die Schwarzmeerküste, das ovidische Exil, wo Nekropolen in den Kalk der Steilklippen gehauen sind. Alexander war zudem schon im tropischen Turmkarst von Madagaskar, Äthiopien und Vietnam unterwegs, aber den Südharz kennt er noch nicht. Am Pfingstmontag trafen wir uns am Nordhäuser Bahnhof und liefen gen Westen auf dem Karstwanderweg bis Walkenried. Der Stollen unter dem Kohnsteinmassiv, wo die Häftlinge von Mittelbau-Dora im letzten Kriegswinter die V2-Raketen zusammensetzten, am Feiertag verschlossen, unter der Woche gehen Gruppenführungen in einen nur kleinen Teil des Höhlensystems hinab, weil seine kompletten Ausmaße noch immer nicht ganz erforscht sind. Hobbyhistoriker schleppten in den 1990er-Jahren, als der Eingang ungesichert war, über siebzig Tonnen Kriegsdevotionalien aus dem Objekt heraus, die seither auf dem Schwarzmarkt kursieren; mittlerweile verriegelt eine Stahltür den Eingang. Ein Streifenwagen der Thüringer Polizei im Gelände postiert. Die Gräser neben den Asphalt- und Schotterwegen aufgeschossen, die Hitze des ersten Junitages drückend. Dem Stollen gegenüber eine von den letzten französischen Überlebenden im April 2015, siebzig Jahre nach der Befreiung des Lagers, gepflanzte Rose, die sie zur Erinnerung an die Interpretin des deutsch-französischen Aussöhnungschansons »Göttingen« Barbara tauften. Hinweisschilder zu den Resten von Lagerbahnhof, Rampe, Appellplatz, Zwangsbordell, Lagergefängnis, Krematorium. In der Niederung südöstlich die Dächer und Kirchtürme Nordhausens, von blühenden Feld- und Wiesenrändern umgeben – ein beinah lieblicher Anblick.

Wir hielten Mittagsrast auf der Gipskuppe der Sattelköpfe, überblickten das bewaldete Panorama der Harzberge, nach dem Abstieg liefen wir am Waldrand im Schatten der Gipsklippe von Woffleben; Jugendliche auf dröhnenden vierrädrigen Buggies zogen Staubfahnen durchs Feld. Hinter Obersachswerfen bogen wir in einen Hohlweg nordwestlich der ehemaligen Grenze, ungemähtes, windgebogenes Feld bis zum Patrouillenweg der Volksarmee auf dem Kamm der Hügellehne: grüne Burgwälle von Wäldern, die wie Dornröschenhecken von nah und fern die Kornkammer des Thüringer Beckens umhegen, beim Blick zurück. Vor uns im Schatten steinbruchartiger Gipssteilwände schließlich die Giebel Walkenrieds, das von den imposanten Resten seiner Zisterzienserabtei zehrt.

»Ich glaube, das geht schon in Ordnung«, meint Alexander. Ein entschiedener schwarzer Strich aus der Spraydose hat das ›Verboten‹ unter dem ›Betreten‹ auf dem Schild vor dem Tunneleingang unkenntlich gemacht. Vom Itelteich am Fuß der Himmelreichklippen dringt Fröschequaken und Kuckucksrufen zu uns. Wir sind am Waldrand, neben der Bahn her, leicht erhöht unter mächtigen Buchenkronen, in einem sich über unseren Köpfen zu einer Art luftigem Dach schließenden, von Einschüssen des Sonnenlichts gesprenkelten Laubgewölbe gegangen und stehen nun, diesen Waldtunnel verlassend, vor der kalkhell ummauerten Schienenröhre, einer Schneise von 269 Meter durch das Himmelreich, an deren Ende die Sonne hineinscheint.

Im Schotter neben den Gleisen durchschreiten wir den Tunnelbogen. Als man die Schienen von Göttingen nach Nordhausen im Jahr 1868 verlegte, bohrte man den Gipssporn des Himmelreichs an und stieß dabei auf die Himmelreichhöhle; der Tunnel vereinigt sich mit dem Höhlenloch, sodass wir mit dem Verlassen des in den Fels eingeschmiegten Bauwerks zugleich am Höhlenausgang stehen. Doch wie weitergehen? Die Schienen laufen geradewegs auf Ellrich zu, sodass wir den dortigen Bahnhof in fünf Minuten erreichen würden; doch die Karstüberhänge sind verlockender. Wir nehmen den Pfad durchs Randgestrüpp zur Linken und stehen mitten im Unterholz vor einer abschüssigen Hangflanke. Es gibt keinen Pfad hinauf, aber wir entscheiden uns zu klettern, die Füße schräg über Wurzelwerk und eine dünne Schicht Mutterboden setzend, mit den Händen in überhängende Äste greifend, Ahorn oder Buche. Oben, am Rand des Abhangs angelangt, erwartet uns ein wüstes danteskes Erd- und Felsenchaos. Aufgesprengte Gipsgesteintrümmer auf unebenem, von Dolinen, Erdtrichtern, Spalten aufgerissenem, von umgestürzten Stämmen, Ast- und Wurzelreich übersäten Grund verstreut, kein Weg, Pfad oder auch nur eine Fährte auszumachen.

Wir steigen durch tief in den Boden getriebene Dolinenkegel und die hinter umgestürzten Baumstämmen klaffenden Erdlöcher, klippenartige weiße Felszacken ragen über den Hang hinweg, hundert Meter über dem Schienenstrang, der aus dem Tunnelloch schießend schnurgerade ostwärts nach Thüringen hinein verläuft. Beim Umherklettern und Tappen klingt der Grund unter unseren Tritten oft merkwürdig dumpf und hohl, als könne er jeden Augenblick nachgeben und absacken, wir tasten uns weiter, an vorübergehend Halt gebende Hölzer und Steine geklammert, am Rand des Abgrunds voran, nach Osten bildet das Felsenchaos eine das Waldstück durchziehende abschüssige Schlucht, nur das Dickicht im Nordwesten lässt stabileren Grund erahnen, wir sehen ein Plateau und einen von Nord nach Süd verlaufenden Pfad durchs Dickicht scheinen: den Himmelreichrücken, der unseren Schritten wieder Ebenheit verspricht. Quer in Bahnrichtung von Ost nach West bieten sich im Abstand von gut hundert Metern Ausblicke über den schroffen Klippenrand.

Nach Westnordwest, auf Walkenried und den Hochharz zielend, die über den Itelteich bis an die Gleise wie Pfeile aufragenden verwitterten Gipssäulen. Erdrutsche am Hangrand haben Bäume samt Wurzelreich über Kopf in die Tiefe hinabgerissen, einer der Vorsprünge erinnert an die von Caspar David Friedrich gemalten Wissower Klinken von Stubbenkammer auf Rügen, die sich ihrerseits vor einigen Jahren lösten und ins Meer abrutschten, sodass es sie nur mehr auf seinem Gemälde gibt.

Ich lege mich bäuchlings auf den beim Gehen hohl klingenden Waldboden, die Nase über dem Rand des Abgrunds, und schaue, still daliegend, in die Tiefe hinab. Merkwürdig, dass ich dem Grund vertraue, weiß, dass er mich trägt, solange ich einfach daliege und schaue. Über mir das dichte Buchenblätterdach, zwischen Felskante und Zweigen ein mittagstiller blauer Horizont. Ich empfinde die mutmaßlichen Hohlräume unter meinen Schritten als wenig bedrohlich. Eher verheißen sie Erinnerung an etwas, das erwiesenermaßen da war, sich aber jeder Erinnerung entzieht, und die Utopie einer vollkommenen Geborgenheit jenseits der Zeit. Das Bergende der Höhle darunter, das verborgen bleibt, unauffindbar und unbegehbar, obwohl es vorhanden ist: Vielleicht ist dies das Versprechen des Karsts.

In östsüdöstlicher Richtung verlassen wir den Himmelreichbezirk gen Ellrich, immer wieder an Abhängen, Dolinen, Felsaufbrüchen vorbei, über brackigen Wassertümpeln, tief im Unterholz entsorgten menschlichen Hinterlassenschaften; die ehemalige Grenze, die durch die Lagerreste lief, ist ein fluchbeladener Ort. An der Hinweistafel bei den Fundamenten der Krankenbaracke das Foto eines Totenscheins des zweiunddreißigjährigen

Mechanikers André Gaudron aus Moustagon, verheiratet, zwei Kinder, römisch-katholisch, der Tod infolge »Pneumonia oder vollständiger Erschöpfung« am 20. Februar 1945 nach Leichenschau von einem »Dr. Stillard« festgestellt. »Man fühlt sich wie von der Unterwelt Nähe so schauerlich kalt umweht, daß man umhersuchen möchte nach der stygischen Uferstelle, wo der Kahn anlegt, in welchem der alte Fährmann die Seelen der Verstorbenen zu der Schattenwelt fährt«, schrieb der Dichter Christoph August Tiedge im Juni 1782 nach dem Besuch der bei Ellrich gelegenen Kellenhöhle, einer inzwischen eingestürzten Karstgrotte, die von einem empfindsamen Kreis um den in Ellrich lebenden Leopold Friedrich Goeckingk, den Halberstädter Johann Ludwig Gleim und den Göttinger Gottfried August Bürger als elysischer Wallfahrtsort besungen wurde.

Wir verlassen von Südwesten kommend das Lagergelände und überqueren die Gleise zum Bahnhof von Ellrich hinüber. Einmal pro Stunde rollt die Regionalbahn Göttingen–Nordhausen in jede Richtung durch den Himmelreichtunnel; am Ellricher Bahnhof treffen sich beide Linien. Zwischen 1949 und 1990 wurden hier lediglich Güterzüge abgefertigt.

Der Karstweg führt im Südosten Ellrichs erhöht an einem Gipsbruch vorüber. Auf der Hangkante stehend sehen wir den Bagger spielzeugautoklein im Gestein picken, bis eine Wand einbricht. Dann lädt er mit seiner Schaufel die herabgestürzten Brocken auf die Wanne des danebenstehenden Kippers. Der Staub des aufgewühlten, in die Wanne geworfenen Kalks liegt in der Luft. Ich muss an eine Szene in Abbas Kiarostamis Film *Der Geschmack der Kirsche* denken, als sein ziellos im Staub kreisender Held bei einem Steinbruch haltmacht und zusieht, wie ein Schaufelrad das zutage geförderte Gestein zu Kies zermalmt.

Der Weg führt uns durch den mit weißen Grenzsteinen markierten Waldrücken des Kammerforsts nach Woffleben hinab. Auf den Steinen ist ein ›Z‹ eingraviert, steht es für die Zorge, den Fluss, der die Niederung, von oberhalb Walkenrieds im Hochharz herabschießend, bei Ellrich, Woffleben und Nordhausen durchfließt? Die Herkunft des Namens wird in vielen Quellen mit ›wilder Fluss‹ angegeben, mich erinnert Zorge an das Ungebändigte, Raue, das die Harzgegend noch immer ausmacht. Es gibt mir die Vorstellung, noch längst nicht alles sei hier kartiert, vermessen, abgeschritten, noch immer könnten Waldwege und Hochsteige unbekannte Flecken offenbaren, über die statt Wanderführern Märchen- und Sagenbücher und illuminierte mittelalterliche Chroniken Auskunft gäben.

Beim Abstieg zur Klippe von Woffleben ein kreisendes Bussardpärchen am Rande des Forsts, wo er in offene Gegend übergeht. Wir kommen an einem Garten mit Bienenkästen vorbei, einer der Kästen mit einem Gipskarstbrocken beschwert. Vom darunter abfallenden Hang sehe ich das goldgelbe Fell und leuchtende Augenpaar eines Fuchses, wir schauen uns kurz in die Augen, dann wendet der Fuchs den Kopf und verschwindet im Holz. Wir passieren das Tal der Zorge, zunächst entlang der Gleise, auf deren Gegenseite sich Woffleben mit seiner weißen Klippe erstreckt, dann südöstlich gen Nordhausen schwenkend eine Kuhherde, braun-weiß gesprenkelte große Wiederkäuer auf einer Lichtung am Waldrand gelagert. Der Weg führt leicht hügelan in den Wald, wir kommen an einem mit Bauschutt und Wellasbest zugeschütteten Erdfall vorbei, gehen durch dichter und dunkler werdenden Baumbestand, bis wir den ehemaligen Zaun des Lagers erreichen. Wieder überschreiten wir den Komplex, mit seinen Betonfundamenten, Schotterwegen, dem abgetragenen Gleisbett, den Hinweisschildern, dem über die leeren Appell- und Sammelplätze wehenden Gras, den Narben und Rändern weißen Gesteins.

In östlicher Richtung, wo sich der Karstwanderweg am Fuße des Kohnsteins weiter in die Hochebene der Rüdigsdorfer Schweiz verläuft, die Niederungen der Salza und das Nordhäuser Becken überblickend, verbindet sich der Hügelsporn mit der nur mehr als Flurname nachweisbaren Schnabelsburg. Die Grundmauern des auf dem Felssattel sitzenden mittelalterlichen Einsiedler- oder Raubritternests verschwanden in den 1960er-Jahren unter einer ihrerseits inzwischen abgetragenen Ausflugsgaststätte. Christoph August Tiedge bringt in seinem Brief vom Besuch der Kelle-Höhle den Karstvorsprung mit der 1731 in Nordhausen gedruckten utopischen *Insel Felsenburg* des Stolberger Barbiers und Feldschers Johann Gottfried Schnabel zusammen: »Das ganze Kohnsteingebirge stellt übrigens so wunderbar romantische Formen und Gestaltungen dar, daß es wohl zu dem bekannten, alten Roman begeistern konnte, dessen Verfasser ein Buchdruckergeselle in der freien Reichsstadt Nordhausen gewesen sein soll.«

Vom Lagergelände aus wirken die Türme Nordhausens beinahe märchenhaft. Der Sommer, der noch nicht einmal begonnen hat, scheint sich wie in einem Brennglas auf diesen glutheißen zweiten Juninachmittag verdichtet zu haben. Es ist, als schwängen im Flimmern über den Gräsern die Erinnerungen an andere, frühere Sommer mit und blieben zugleich fern, vorgehalten den Augen und vorenthalten dem Zugriff wie ein verfließendes, undeutliches Bild.

Wir steigen aus dem Sommerglast des Lagerplateaus durch Hecken und Schrebergärten zur Salzaquelle hinab. Ein teichartiger Krater voll klaren, von unten herauf sich kräuselnden Wassers, von oben mit dem Blütenstaub der die Quelle einfassenden Weiden und Erlen bedeckt. Die Schüttung der Salzaspring beträgt über 700 Liter pro Sekunde, die Herkunft des Wassers ist ungeklärt. Sie trägt gelösten Kalk mit sich, versorgt Gärten und Stadt mit mineralreichem Nass. Die ein paar Schritte weiter, am stadteinwärts in den Nordhäuser Ortsteil Salza mündenden Pfad schüttende Quelle trägt den Namen ›Grundloses Loch‹. Die damit verbundene Sage ist auf der Hinweistafel neben den geologischen Erklärungen wiedergegeben: Ein Bettler, der vom reichen Müller an der Salza statt des erbetenen Almosens einen Haufen Kot erhielt, verfluchte den Böswilligen, sodass sich unter diesem die Erde auftat, den Müller samt seiner Höhle verschluckte und das grundlose Loch sich mit dem aus der Tiefe dringenden Wasser füllte. Es ist still über der Quelle, ein im Schatten der Zweige sich schwingender Grünspecht bringt mit seinem Ruf für einen Moment die Luft zum Klingen. Der tiefste Punkt des Grundlosen Lochs wurde mit drei Metern vermessen. Schaut man hinein, durchdringen sich Grund und grundlose Tiefe mit dem aus dem verkarsteten Untergrund schüttenden Wasser zu einem dunklen bläulichen Strudel, der die Bilder, die er heraufbringt, gleich wieder zerbricht.

Beim Einsteigen in den leeren Stadtomnibus erinnert uns die Busfahrerin daran, dass wir unsere Masken aufsetzen müssen. Wir passieren das im Januar abgebrannte Stadtparkhotel, in dem ich beim Gehen durch den Karst zwei Jahre zuvor übernachtete, die Nordhäuser Doppelkornbrennerei, die mittelalterliche Mauer, Kirchtürme, Fachwerkspeicher, Harzer Schmalspurbahn, Bahnhofsvorplatz mit Menschen vor Eiscafés und wilhelminischer Bahnhofsfassade: Wir sind in der Gegenwart einer mitteldeutschen

Kreisstadt mit Erholungswert angelangt. Alexander nimmt die westliche Verbindung über Eichenberg und Kassel nach Frankfurt, ich sitze im fast leeren Regionalzug ostwärts nach Halle.

Der Karst begleitet mich mit der Restglut des sommersatten Tags am nördlichen Horizont hinter der welligen Harzvorlandkette; im Süden die schroffgrünen Kyffhäuserhänge. Trockenes Wiesengras, Dornensträucher, Getreide, Korn, Gerste, Raps, aufschäumende Dorflindenblüten und halbschattiges Holunderweiß, ganze Milchstraßen von Holunderblüten an einem Ast. Zwischen Oberleitungen schwirrt eine Elster, am Straßenrand der Dörfer abgestellte Pkw, Caravans, Kleintransporter, der Abend verharrt im blauen, hellblauen Bereich, als sei die Zeit, die am Morgen in Walkenried begann, ins Unermessliche gedehnt. Eine gespannte Bogensehne, das griechische Maß für die Dauer des Pfeilflugs, möge mein Maß für die Zeit sein, die ich brauche zurück in den Karst.

Ich denke an den Moment auf der Himmelreichklippe zurück, auf der weichen Erde im Blätterschatten liegend und hinauf ins Blau zwischen den im Wind schaukelnden Zweigen sehend, mag es auch inwendig hohl unter mir sein, sich jede Sekunde zu senken drohen. Ich atme. Die Blätter atmen. Der Karst atmet.

Des alten Meeres Muscheln
Im Stein sucht' ich die versteinten,
Hudhud lief einher
Die Krone entfaltend.
Stolzirte, neckischer Art,
Über das Todte scherzend
Der Lebend'ge.

Johann Wolfgang Goethe,
West-östlicher Divan

6 – Epilog: Im Karst der Welt

In der Neuen Pinakothek in München hängt ein frühes Gemälde von Paul Cézanne, das seine Montagne Sainte-Victoire aus einer ungewöhnlichen Perspektive zeigt. Es enthält die Ebene des mediterranen Vorlandes mit einem ›Bahndurchstich‹ – so auch der Titel des 1870 entstandenen Werks. Im Vordergrund zieht sich die Schienenspur lössbraun, ockergelb und ein wenig grün zur Linken angedeutet quer durch die Länge des Bildes. Der eigentliche Durchstich ist schräg im Mittelgrund zu sehen. Offenbar soll hier eine weitere Linie durch die Berge ins Binnenland gebaut werden, Schienen sind noch nicht verlegt. Der Durchstich schneidet die flache, warm gelb-rote Ausdehnung des Hügels entzwei, und dunkelrot wie eine Wunde klafft die Stelle des offenbar noch mit Schutt, Geröll, Trümmern angefüllten Einschnitts. Zaunpfähle zu jeder Seite des Durchstichs über die Hügelflanke verlaufend, unterhalb ein weißes, wenig Aussicht bietendes Häuschen, das man sich für den Schienenwärter vorgesehen denkt; auf dem Hügel links ein helles gelbes Landhaus mit rotem Ziegeldach. Grüne Strauch- und Buschinseln zu beiden Seiten der durchschnittenen Erhebung, die sich wellig ins Binnenland hinein fortsetzen, das rechts im Hintergrund vom weiß-grauen Kalkberg der Sainte-Victoire dominiert wird. Die Spur des Kalks zieht sich jedoch bis in den Vordergrund als unaufdringlicher, wiewohl unübersehbarer Auftrag durch diese Landschaft fort.

Cézannes Bild erinnert mich an den in derselben Zeit, in der dieses Bild entstand, hinter meinem heimischen Oberndorfer Steinbruch in den Sandstein getriebenen Eisenbahndurchstich auf der 1876 fertiggestellten, Thüringen durchkreuzenden Route zwischen Eisenach und Altenburg. Auch das Hügelgestein auf Cézannes Gemälde könnte eine dem Kalk vorgelagerte gelblich rote Buntsandsteinlage sein. Wüsste man nicht, dass dieses Bild von

Cézanne und der Berg im Hintergrund seine Sainte-Victoire ist, könnte die Szene irgendwo auf der Welt festgehalten worden sein, wo Kalk und Verkarstung vorkommen: im Südharz oder im kastilischen Hochland, dessen Karst der Dichter Antonio Machado beschworen hat, bei Blaubeuren auf der Schwäbischen Alb, wo Mörike seine Geschichte von der schönen Lau vorfand, bei Muggendorf auf der Fränkischen Alb, wohin Tieck und Wackenroder zu Pfingsten 1793 ihre Schritte lenkten, mit Sicherheit im istrischen Karst, im russischen Uralgebirge, dem iranischen Zāgros oder auf der mexikanischen Halbinsel Yucatán – könnten die Flecken Blau im Bildhintergrund nicht auf ein Meer hindeuten, das den Kalkberg umspült? –, mit ein wenig Fantasie sogar bei den bizarren Turmkarst-Erscheinungen, den wie umgestülpten, nach oben gekehrten Karsthöhlen, als würde dort das ausgewaschene kalkige Erdinnere Kopfstand üben, am Li-Jiang-Fluss in China, in der Halong-Bucht, auf den Terrassen und Plateaus und in den weitverzweigten unterirdischen Reservoirs bei Dong Van im äußersten Norden Vietnams.

Cézanne hat mit seinem Eisenbahndurchstich eine oberflächlich matte, unscheinbare Landschaft dargestellt, deren diskrete Insignien sich auf verschiedene – gleichwohl nicht beliebige – Landschaften des Globus projizieren lassen, die jeweils unterschiedlich von den Erscheinungen des Karst geprägt sind. Am Phänomen des Karsts können sich weit auseinander- und auf verschiedenen Erdteilen liegende Räume ineinander spiegeln und begegnen. Insofern schafft Karst auch ein System global korrespondierender Landschaften, die man sonst kaum miteinander in Beziehung bringen würde. Und Cézanne zeigt, dass immer auch Kräfte der menschlichen Technik – hier der Eisenbahnbau – an einer Landschaft und am Erscheinungsbild des Karsts im Besonderen beteiligt sind.

Das erste Werkzeug, mit dem der Mensch sich einer Landschaft nähert, ist die Sprache. Indem er den Naturraum landschaftlich benennt, hat er bereits begonnen, ihn zu verändern. Die Benennungen sind plötzlich ein Raster der Wahrnehmung geworden, die wir an jeden Ort der Welt mit uns tragen. Karst. Empirisch gibt es ebenso natürliche Verkarstung, an deren Entstehung der Mensch keinen Anteil hat, wie es gemachte Verkarstung gibt, beispielsweise durch Rodung oder Bergbau. Seit unserem Auftreten im Holozän, spätestens seit dem aktuellen Anthropozän, der Epoche des menschgemachten Klimas, sind beide Arten der Verkarstung kaum voneinander zu trennen: Verkarstete Räume werden menschlich genutzt, erhalten dadurch eine spezifische Gestalt und verändern sich weiter; menschlich abgenutzte Räume verkarsten oder werden Schauplatz von Erscheinungen, die wiederum an natürlichen Karst erinnern.

Die Verteilung ist höchst ungleich. Es gibt ausgesprochene Karstländer wie Slowenien und Kroatien, die den aus den Landessprachen hervorgegangenen Begriff ›Karst‹ als Namensynonym führen könnten, oder auch Iran, wo die verkarsteten Zāgrosketten fast ein Drittel der Landesoberfläche ausmachen, oder die weitläufig verkarsteten Küstenländer Thailand und Vietnam. Es gibt aber auch Großregionen fast völlig ohne Karst wie die sibirische Tundra oder den brasilianischen Regenwald. Viele Menschen leben im, mit oder auf Karst, ohne je etwas von diesem geologischen Sammelbegriff gehört zu haben. Sie müssen mit den Bedingungen des Karsts zurechtkommen, eingerichtet zwischen den Trümmerfeldern von Dolinen und dem Schwemmland fruchtbarer Poljen. Ähnlich wie Erosion und Entropie ist Karst ein irreversibler Prozess. Ein Zerfalls- und Zersetzungsvorgang der festen Materie, der nicht rückgängig zu machen ist. Eine Verlustgeschichte. Ein unaufhaltsames Schwinden des Bodens unter den Füßen. Doch das ist nur die halbe Wahrheit.

Karst ist kein peripheres Phänomen, wenngleich Karst selber als Landschaft der Peripherie wahrgenommen wird. Zur Peripherie scheint die Tendenz zu gehören, Karst als Naturschutzobjekt zu exterritorialisieren, das heißt, den natürlichen Karsterscheinungen durch ihre Protektion die Aura des Besonderen zu verleihen und sie dabei zugleich vom Rest der Landschaft zu isolieren. Dasselbe gilt von der touristischen Erschließung herausragender Karstphänomene, die diesen nicht selten ihre Einzigartigkeit zu nehmen droht. Karst wird reduziert auf das Naturschutzgebiet und die Sehenswürdigkeit und damit vom Rest der Umwelt abgegrenzt. Das soll kein Plädoyer gegen die besondere Schutzwürdigkeit und den Anschauungswert des Karsts sein. Im Gegenteil: Noch mehr urtümliche Karstgebiete sollten unter Naturschutz stehen. Nur bleibt der Karst nach dem aktuellen Verständnis von Naturschutz eben immer noch ein isolierter, privilegierter Ort, der mit der, sichtbar oder nicht, um ihn gezogenen Grenze *nicht* auf den umgebenden Raum aus- oder abstrahlt, sondern weitgehend für sich bleibt; ein Rest von ›unberührter Natur‹ beziehungsweise dem, was man eben unter ›unberührt‹ versteht. Sobald Parkplätze an seinem Rand auftauchen, ist er ein Ort für Sonntagsausflüge geworden und der Karst endgültig seiner verstörenden, inkommensurablen Aura beraubt, die er als mehr oder weniger herausgehobener oder abseitsstehender Teil einer Landschaft innehatte. Karst ist keine Peripherie. Karst ist die geoökologische Prägung eines ganzen Raumgefüges.

Genau das zeigt Cézanne auf seinem *Eisenbahndurchstich*. Es ist eine scheinbar leere Landschaft, eine Landschaft der Peripherie, wie sie vor ihm noch keiner auf die Leinwand gebracht haben dürfte. Allein der technische Vorgang der Schienenverlegung drängt die Gegend jenseits der Schienen und der vorgesehenen Haltepunkte an die Peripherie. Die Sainte-Victoire wird zum fernen, malerischen Randgebiet – eine geschützte, privilegierte Erhebung –, der unscheinbare, durchschnittene Sandstein- oder Muschelkalkhügel mit seinen Büschen und dem Streuobst zum nahen Hintergrund, der künftig als flüchtiger Film über die Abteilfenster huscht.

Es gilt, diese Peripherie in unsere Vorstellung des bewohnten, des begehbaren Raums – kurz in das, was die Phänomenologie die Lebenswelt nennt – hereinzuholen. Wenn das Gehen im Karst etwas vermittelte, dann die Einsicht, dass die urbanen Zentren, in denen wir uns bewegen, die Metropolen, seltsame, unvorhergesehene Korrespondenzen mit den ›kargen‹, ›wilden‹, ›naturbelassenen‹ Räumen der Peripherie bilden. Die felsenbewohnenden Mauersegler wurden zu Städtebewohnern, die nun unter Dachfirsten, Ziegeln, auf Vorsprüngen, in Fugen, Rissen und Spalten der Gebäude nisten und sirrend ihre Gleitflüge im sommerlichen Blau über der Skyline vollziehen, als hätten sie die Gipfelkämme, Täler und Hänge des Gebirges unter sich.

Aus dem Karst kommend ist mein Blick auf die Tempelhofer Rollbahnen, auf die Grotten der Buttes Chaumont, auf den aus Weltkriegstrümmern aufgeschütteten Fockeberg in der Leipziger Südvorstadt, ja auf jeden gewöhnlichen Hügel, auf eine Streuobstwiese, einen Kleingarten mit Hobbyimkerei oder eine ausgedörrte Viehweide unmittelbar am Stadtrand ein ganz anderer geworden. Viele Wege führen zum Karst. Plötzlich erinnern mich vermeintlich gewöhnliche Dinge an ihn. Sie haben teil an meiner Vorstellung von Landschaft, Welt und Raum. Sie sind Teil meiner persönlichen Entzückungen und Verzweiflungen, meiner Trauer, die ich dort abgestreift, und meiner Freude, die ich dort empfangen habe. Und meiner Neugier, vor allem meiner Neugier, mit der diese Landschaft jedes Mal von Neuem meine Wahrnehmung, meine Sinne herausforderte. Bis ich, »innigst identisch« mit ihr, wie Goethe von der »zarten Empirie« postuliert, sie nicht mehr aus der Vorstellung wegdenken konnte.

Das Gehen im Karst wäre dabei folgenlos ohne das simultane Lesen im Karst und die Wiederholung des Gehens beim Schreiben vom Karst geblieben. »Liegen in einem sanft hügeligen Terrain Felder in den Tälern, wird man daraus schließen können, dass man sich in einer Karstlandschaft befindet«, schreibt Hansjörg Küster in *Die Entdeckung der Landschaft*: der reale Karst als Lektüre, als offenes Buch, dessen Gesteine und Botanik von sich erzählen. Gleichzeitig das Lesen in den Lektüren des Karsts – in dem, was die Literatur aus dem Karst aufgegriffen, wie andere Autoren den Karst mit ihren Augen lesbar machten, ihm eine Form gaben. Und das Lesen im Karst schließlich auch als Sammeln und Auflesen von Karst – dessen, was mir daran bemerkenswert schien, was festgehalten werden sollte, so subjektiv dies auch erscheinen mag.

Wie das zu verstehen ist, lässt sich auch gut beim Rekurs auf die hier angeführten Autoren nachvollziehen, die ihrer Begegnung mit dem empirischen Karst ihre literarischen Formen und Bilder verdanken. Auf je spezifische Weise wird Karst bei ihnen zum Ereignis. Ihnen dürfte es zu verdanken sein – neben dem, was in jüngster Zeit die Geoökologie, neben der Geologie, der Archäologie und der Höhlenforschung, aus dem Karst las und in die Waagschale warf, um dessen biologische und soziokulturelle Relevanz herauszustreichen –, wenn die Vorstellung vom Kulturraum Landschaft für sich genommen gesellschaftlich langsam mehr Aufmerksamkeit erhält.

Blicken wir auf die ältesten Spuren unserer anthropogenen Anwesenheit zurück, so stammen diese nahezu vollständig aus dem Karst – egal, ob es sich um Knochenfunde oder Höhlenmalereien handelt. Das so leicht lösliche, poröse Gestein hat unsere Vorgeschichte am tiefsten bewahrt und die Mythologie mit ihren Unterweltsimaginationen ebenfalls aus Landschaften geschöpft, die wir als Karst bezeichnen würden. Auf Ertragssteigerung ausgerichtete Landwirtschaft und profitorientierte Industrie haben im Karst hingegen selten mehr als einen Störfaktor oder eine Rohstoffquelle gesehen – ein Hindernis, das beseitigt oder umgangen, ein leicht erschließbarer Bodenschatz, der umstandslos abgebaut sein möchte. Auch dieser Aspekt wird von Cézannes *Eisenbahndurchstich* angeschnitten. Weltweit führt heute der Widerstreit zwischen der ästhetischen, der ökologischen und der wirtschaftlichen Dimension des Karsts zum erbitterten Feilschen um den Wert und die Wertschöpfung nicht nur dieser Landschaft. Kein Gehen im Karst kann unbeschwert daran vorübergehen.

Im Karst liegt unser prähistorisches Gedächtnis verwahrt. Die Peripherie im Zentrum sichtbar machen, die heutige Peripherie und Rest-Natur als paläoanthropologisches Zentrum unserer Kultur ins Bewusstsein rücken, das wäre eine der Möglichkeiten, vielleicht so etwas wie der insgeheime Auftrag einer geopoetischen Schreib- und Lebenspraxis, die auf dem Boden, der uns unter den Füßen zerbröckelt, lesend, schreibend, dabei empirisches wie literarisches Wissen kultivierend, voranzukommen sucht. Ausgestattet mit der beim Gehen im Karst gewonnenen Anschauung lässt sich die Durchquerung der erdgeschichtlich-geoökologischen Schwelle imaginär auch in Regionen fortsetzen, die nicht ohne Weiteres fußläufig erreich- oder durchquerbar sind.

Ende 1937, sechs Jahre vor ihrer Ermordung im Konzentrationslager Auschwitz, verfasste die Dichterin Gertrud Kolmar den Zyklus *Welten*, in dem sie, ähnlich dem Pariser Zöllner Henri Rousseau auf seinen Leinwänden, mit visionärer Kraft Landschaften des Globus beschwört, die sie selber nie besucht hatte, darunter auch zwei Karstregionen: »Der Ural« – »Kette von Nord nach Süd, Scheide von West und Ost, Mauer zwischen zwei Erden. / Ich muß die Lampe löschen, daß er werde, daß er vor mir krieche, riesiges Echsengetüm, in der Nacht« – sowie »Die Mergui-Inseln«, in denen es heißt:

Aber in Kalksteinhöhlen,
Deren Wände zerfressen von Wellenschnauzen, zernagt sind von Tropfenzähnen,

Feiern Meerechsen in malachitgrünem Brautschmuck brünstige Vermählungen,
Kröpft schwarzes Getier mit kahlem, blaurotem Antlitz scharlachflüssigen Fisch,
Huschen aus Löchern dunkle Schwalben, erdbraun beschwingt, mit veilchendüsternen Brüsten,
Blühn nelken- und safranfarb Blumentiere, atmen schon Beute, fächeln mit Fangarmen hin,
Rollt eine große Schnecke sich in den pantherfleckigen porzellanenen Mantel ein.
Und schlummert.

*

Kairo, Sommer 2019. Das alte Kairo erstreckte sich rund um die Kalkhügel des Hochplateaus von Muqattam im Südosten der heutigen Megapolis. Ohne den die Menschen mit Wasser versorgenden Nil wäre hier kein Leben möglich, und selbst das Nilwasser wird wegen des steigenden Bedarfs der Anrainerstaaten am Oberlauf immer knapper. Mit dem Bau eines Riesenstaudamms in Äthiopien steht die Befürchtung im Raum, die Lebensader Ägyptens könne schlicht austrocknen und die knapp hundert Millionen zählende Bevölkerung des Landes verdursten. Die Zeiten, in denen der Nil wie auf den Wandmalereien des Alten Ägypten dargestellt jährlich einmal über die Ufer trat und sein Überschwemmungsschlamm die Fruchtbarkeit weiter Landstriche garantierte, sind seit der Einführung der Kanalbewässerung Anfang des 20. Jahrhunderts passé, die immer größere Wasserknappheit beschleunigt den Verwüstungs- und Verkarstungsprozess.

Die abseits des Nils herrschende extreme Trockenheit hat andererseits einen hochwertigen Kalk- und Sandstein hervorgebracht, der, wie etwa die in den Steinbrüchen von Tura am Muqattam gewonnenen Blöcke, schon für den Bau und die Verkleidung der Pyramiden zur Verfügung stand. Die Farbe der Pyramiden ist die des in sandfarbenes Grau spielenden Kalks von Muqattam. Die Farbe des alten ismailitischen Kairo ist die der Steinbrüche von Muqattam. Die Kuppeln der Fatimidengräber, die Farbe der Ibn-Tulun-

Moschee, das südliche Stadttor Bab Zuweila, sie alle tragen die Steinbrüche in die Stadt. Von Helwan im Süden Kairos ist die kahle Hochebene mit den sich monströs hineinfräsenden Steinbrüchen allgegenwärtig. Kalk- und Sandstaub liegen in der extrem trockenen Luft. Während der Sommermonate herrschen in Kairo mittlerweile nahezu konstant um die 40 Grad Celsius im Schatten.

Dem Muqattam-Massiv nordwestlich vorgelagert, unweit der über dem alten fatimidischen Kairo thronenden, im 12. Jahrhundert gegen die Kreuzritter errichteten Zitadelle Sultan Saladins und der Muhammad-Ali-Moschee, von wo aus die Pyramiden von Gizeh klein am westlichen Stadtrand zu sehen sind, liegt das Viertel der Zabaleen, der Müllsammler, ohne deren Tätigkeit binnen Kurzem die Abfallentsorgung im Großraum Kairo zusammenbräche. Die Zabaleen sind eine autonome, mehrheitlich koptische Gemeinschaft, die mindestens achtzig Prozent all dessen recyceln, was tagtäglich in der Megacity weggeworfen wird, eine Wiederverwertungsrate, die europäische Hightech-Recyclingunternehmen vor Neid erblassen lässt. Das hat seinen Grund darin, dass hier alles unter Einsatz des billig verfügbaren Lebens per Hand gesammelt, verlesen, gereinigt, kompostiert wird, seien es gebrauchte Kondome, Mullbinden, Lippenstifte, Spritzbesteck, Plastikbecher, Gummireifen, Glas, Eisen, Aluminium, die Gegenstände werden hier auf einfachste Weise in den Rohstoff, aus dem sie entstanden, zurückverwandelt. Von den essbaren Resten profitiert die Schweinezucht der Zabaleen. Das Viertel verwahrt sich vor dem Zugriff der korrupten Polizei mit der unausgesprochenen Drohung, dass ohne ihre Arbeit die Stadt zum Teufel ginge. Sie haben das Leben im Quartier selbst in die Hand genommen, Grundschulen, Krankenversorgung, Cafés, in denen Jungen und Mädchen in bunten T-Shirts Billard spielen, Teestuben, aus denen uns Fremden beim Hindurchfahren alte oder alt wirkende Männer freundlich entgegennicken. Die Haustüren zieren kitschige Jesus-Poster.

Scharen von Schwalben schießen durch den schmalen, zwischen den Häusern ins Blau sich öffnenden Luftkanal, zwischen dem anfallenden Schlamm finden sie Nistmaterial im Überfluss. Dreirädrige, ›Tuk Tuk‹ genannte Sammeltaxis bugsieren Pilger durch die engen, staubigen, asphaltlosen Gassen hinauf zur Kapelle des Heiligen Simon des Gerbers, der im

10. Jahrhundert dem Kalifen al-Muizz die Standhaftigkeit seines Glaubens ausgerechnet dadurch bewies, dass der Bergsporn am Muqattam-Sockel in Bewegung geriet. Die koptische Kapelle erstreckt sich unterirdisch hinter dem Podium des amphitheatralisch zur Felswand blickenden Pleinairauditoriums, in dem Gottesdienste und Prozessionen übertragen werden.

Im heißen trockenen Aufwind gleitende Mauersegler und Turmfalken lassen sich an der Kante des äußersten Vorsprungs blicken, bevor sie wieder über das Muqattam-Plateau in Richtung Südosten abgedriftet sind. Seit Jahrhunderten schon beherbergen die Hügel neben Steinbrüchen und Felsklöstern auch ausgedehnte Totenstädte aus Grabfeldern und Mausoleen, lehmbraune Mauern, Minarette und Kuppeln entlang der südöstlichen Stadtautobahnperipherie, so weit das Auge blicken kann.

Fast so lange, wie es diese opulenten Totenstädte gibt, haben sich dort auch schon die ärmsten der Lebenden häuslich niedergelassen, zweigen ihren Strom und ihr Wasser aus dem städtischen Versorgungsnetz ab, solang die Leitungen und der Nil es hergeben, stets von Räumung, nachgebendem hohlen Erdreich und zerfallender Bausubstanz bedroht. Nähmen wir die falsche Ausfahrt an der Peripherieautobahn, würden wir in ihrem Totenstraßenlabyrinth anstatt beim Naturschutzgebiet herauskommen. An der zur Schnellstraße hin sichtbaren grauen Ziegelwand eines Mausoleums hat jemand eine Telefonnummer hingepinselt, unter der man den Besuch von Englischkursen buchen kann.

Wie ein riesiger steinerner Schlauch zieht sich das Wadi Degla durch einen Ausläufer der Muqattam-Ketten. Es handelt sich hierbei um die Schluchten eines nur sporadisch während der Regenfälle im Frühjahr mit Wasser gefüllten, sonst staubtrockenen Flusstals. Fossile Meeresablagerungen überziehen die hundert Meter hohen Kalk- und Sandsteinwände, die Bewunderer auch als Kairos Grand Canyon bezeichnen. Quer verlaufende Wülste und Rillen ziehen sich über die Felswände und liefern so einen Hinweis auf den über sechzig Millionen Jahre dauernden fossilen Ablagerungsprozess, der diese Kalk- und Sandsteinmauern aus dem urzeitlichen Tethysmeer herauswitterte. An vielen Stellen des Canyons haben sich Felsbrocken aus der Wand gelöst, sind unter den Kräften des Wassers und der Sonne zerfallen und übersäen als Trümmer Sockel und Talsohle des Terrains. Dadurch sind die Felswände weder gleichmäßig noch glatt, sondern scharfkantig, schroff, formenreich, bringen Nasen, Schrunden, Einbuchtungen, Aushöhlungen und Überhänge hervor.

Es sind dieselben Kräfte, dieselben Erdzeiträume, die den Südharz, das Thüringer Becken, den istrischen Karst, die französischen Causses und dieses Wadi entstehen ließen; nur die Dimensionen, die Temperaturen und die Trockenheit sind hier in Nordafrika gewaltiger, elementarer. Im Ramadan kommen Fastende gerne in dieses Tal und übernachten auf improvisierten Campingplätzen. Was das Wadi als Naturschutzgebiet so anziehend macht, ist vor allem seine unmittelbare Nähe zum Kairoer Stadtgebiet und seine geoökologische Exklusivität. Es beherbergt verschiedenste Arten von Reptilien und Vögeln auf engem Raum, die andernorts bedroht oder ausgestorben sind, und es bildet ein unterirdisch verzweigtes Karstsystem. Speläologen haben Schlotten und Höhlengänge unter dem fossilen Schutt des Wadis ausfindig gemacht.

Die gewöhnliche Art, das dreizehn Kilometer lange Wadi zu durchqueren, ist im Jeep. Es wäre Wahnsinn, mehrere Kilometer in der sommerlichen Dürre zu Fuß zu gehen; die ganze Ausdehnung des Wadis lässt sich in dieser Jahreszeit nur motorisiert erkunden. Wir bewegen uns über eine bucklige, an- und absteigende Piste voller Windungen und Kurven, zu umfahrender Hindernisse, Einengungen und Barrieren. Der den Gips malmende Schaufelbagger eines Zementwerks hüllt diesen Bereich des Wadis in einen staubigen Dunstmantel; die aus dem Fels geschnittenen Blöcke eines Kalksteinbruchs werden verladen und transportiert, Baufahrzeuge und Arbeiter mit unter den Helm gewickelten, das Gesicht vermummenden Tüchern stehen am Rand. Das ist erst der Anfang des Flusstals, der Rest des Gebietes vom Abbau unangetastet. Ein schwarzer Schemen schwebt im tiefen monochromen Blau, kreist zwischen den beiden Felsufern des Tals. Es könnte sich um einen der hier heimischen seltenen Sakerfalken handeln. An einer Schuttrinne mit abschüssigem Hang machen wir halt und steigen aus. Ich klettere nach oben über die Geröllhalde und sehe dem kreisenden Falken nach. Hinter einem Felsvorsprung blitzt ein Ohrenpaar auf, das einem Fennek, dem Wüstenfuchs, gehören könnte. Wo meine Finger auch hintasten, sie gleiten über versteinerte Muschelreste und andere Schalentiere. An anderen Stellen des Tals, bei denen wir halten, sind es mehr scharfkantige Brocken, die hier aufgetürmt sind und über die man sich einen Weg bahnen muss, will man nach oben klettern. Schlüge man diese Trümmer mit dem Hammer auf, würden auch hier die Fossilien hervorspringen. In dieser Wüste herrscht die Zeit der Steine, auch wenn wir mit dem Jeep unsere Menschenzeit hineinbringen, können wir hier nicht bleiben. Es gibt weder Baum noch Strauch.

Erst hinter der Schranke des Schutzgebiets keimt wieder etwas Vegetation. Sträucher, niedrige Bäume, trockenes Schilfgras. Sollte ein verborgener Wasserzufluss hier von unten an die Oberfläche dringen, um die Pflanzen mit etwas Nass zu speisen? Auf der Böschung neben der unbefestigten Piste türmt sich Bauschutt, Industrieabfall. Eine Steinbruchhalde, vielleicht zu künftigem Bauland ausersehen, dehnt sich in den Horizont, Reparaturwerkstätten, Buden, Lagerhallen, Schrottplätze, Baukräne – wir haben einen Zeitsprung aus dem Tertiär in die Kairoer Gegenwart gemacht. Bis wir die asphaltierte Straße erreicht haben, fahren wir im Schritttempo.

Etwas ist an der Scheibe vorbeigeflattert und hat sich auf einem Staubhügel unter dem Schatten eines Strauchs niedergelassen. Ich traue meinen Augen kaum. Ich sehe den Wirbel, das schwarz-weiß gescheckte Gefieder eines Wiedehopfs, seinen rotbraunen Leib und Schopf mit dem kreiselrunden Rad über der Stirn, der lange, krumm gebogene Schnabel, der den Boden absucht. Meine Frau, die in Helwan aufgewachsen ist, in Sichtweite der Muqattamsteinbrüche, wundert sich über die Aufregung, in die ich geraten bin. Sie sagt, dass der Anblick eines Wiedehopfes für sie als Kind am Fuße des Muqattam etwas beinahe Alltägliches war. Ich antworte, wie viel Glück dazugehört, in nördlicheren Breiten einen Wiedehopf zu sichten.

Dabei bevorzugt er alles andere als Üppigkeit. Trockene, steinige Gegenden, extensiv genutzte Flächen, karge Vegetation, Vertiefungen und Nischen im Fels bieten dem Wiedehopf bereits einen Lebensraum. Und wenn er unter den jährlich über zehn Millionen an der ägyptischen Mittelmeerküste dem kulinarischen Luxus der Golfstaatenbewohner zuliebe gemordeten Vögeln selten zu den Opfern zählt, so, weil er wegen seiner Erwähnung im Koran verschont bleibt. In der 27. Sure fungiert er als Mittler zwischen König Salomon und der Königin von Saba. In Attars *Vogelgesprächen* führt er die Schar der erkenntnishungrigen Vögel an.

Ein zweiter Wiedehopf hat sich jetzt auf dem Staubhügel niedergelassen und wippt mit seinem bunten Rad überm Schopf, wetzt den Krummsäbel seines Schnabels in der Luft. Als ich die Wagentür öffne, fliegen sie beide auf, mit ihren Schwingen den plumpen Körper in Bewegung setzend, nah über dem Boden rudernd, und verschwinden hinter dem Schatten eines Gebüschs. Die Wüste des vor uns sich öffnenden Steinbruchs wirkt plötzlich völlig leer ohne sie. »Er zeigte ganz klar alle Dinge, weil er der Innere ist. / Er barg das Sein aller Dinge, weil er der Äußere ist«, heißt es bei Ibn Ata' Allah. Wiedehopf, mein Vogel Karst.

Literatur

Die Seitenangaben in Klammern geben die zitierten Stellen in der Reihenfolge ihrer Nennung im Text wieder, Übersetzungen aus dem Englischen stammen vom Autor.

IBN ATA' ALLAH, *Bedrängnisse sind Teppiche voller Gnaden*, übersetzt und eingeleitet von Annemarie Schimmel, Freiburg / Br. 1987. (S. 45 f., 65)

FARID UD-DIN ATTAR, *The Conference of the Birds*, translated with an introduction by Afkham Darbandi and Dick Davis, London 2011.

W. H. AUDEN, *Gedichte/Poems*, deutsch von Astrid Claes u. a. Wien 1973. (S. 78–83)

RUDOLF BORCHARDT (HG.), *Der Deutsche in der Landschaft*, Berlin 2018. (S. 316)

HANNS CIBULKA, *Dornburger Blätter*, Halle / S. 1972. (S. 24 f.)

WERNER DRESCHER, *Die Saal-Eisenbahn und ihre Anschlußbahnen*, Berlin 1987. (S. 74–101)

CHRISTINE EMBLETON-HAMANN, KIRSTEN VON ELVERFELDT, MARGRETH KEILER, *Geomorphologie in Stichworten. I. Theorie – Methoden – Endogene Prozesse und Formen*, Stuttgart 2013.

MARIA FENSTERER, THOMAS VOIGT, »Petrographie und Fazies des Kraftsdorfer Sandsteins (Unterer Buntsandstein) in Ostthüringen«, in: *Beiträge zur Geologie von Thüringen* 16 (2009). (S. 117–143)

JOHANN WOLFGANG GOETHE, *Sämtliche Werke (Münchner Ausgabe)*, herausgegeben von Karl Richter u. a., München 2006. (2.1: S. 41; 11.1.2: S. 34; 15: S. 20; 17: S. 823)

JULIEN GRACQ, *Der große Weg. Tagebuch eines Wanderers*, aus dem Französischen von Elisabeth Edl und Wolfgang Matz, München 1996. (S. 32–34, 52–55, 106–108)

JULIEN GRACQ, *Die Halbinsel*, aus dem Französischen von Dieter Hornig, Graz 1993.

KLAUS GÖTZE, »Zur Entstehung unterirdischer Karstsysteme an der mittleren Saale. Ein Beitrag zur Hydrogeologie Thüringens«, in: *Beiträge zur Geologie von Thüringen* 22 (2015) (S. 27–44); auch unter dem Titel »Zur Landschaftsentwicklung und Verkarstung zwischen Saale und Ilm« online unter {http://shk.nabu-thueringen.de/pdf/Gewaessersysteme.pdf}, letzter Zugriff 11. 6. 2020.

PETER HANDKE, *Die morawische Nacht. Erzählung*, Frankfurt/M. 2008. (S. 281–305)

PETER HANDKE, *Die Wiederholung*, Frankfurt/M. 1986. (S. 266–284)

PETER HANDKE, *Die Obstdiebin oder Einfache Fahrt ins Landesinnere*, Berlin 2017. (S. 540, 550 f.)

GERTRUD KOLMAR, *Welten. Gedichte*, mit einem Nachwort von Gerlind Reinshagen, Frankfurt/M. 1999. (S. 48–52)

HANSJÖRG KÜSTER, *Geschichte der Landschaft in Mitteleuropa. Von der Eiszeit bis zur Gegenwart*, München 2013. (S. 34)

HANSJÖRG KÜSTER, *Die Entdeckung der Landschaft. Einführung in eine neue Wissenschaft*, München 2012. (S. 306–325)

HERMANN LÖNS, »Der Beberteich«, online unter {https://www.karstwanderweg.de/loens.htm}, letzter Zugriff 4. 11. 2020.

IAN MACMILLAN, »In Praise of Limestone«, online unter {https://www.bbc.co.uk/programmes/b04k9mzl}, letzter Zugriff 23. 6. 2020.

MICHELIN (HG.), *Gorges du Tarn, Cévennes, Languedoc*, Paris 1996. (S. 16–23, 52–56, 80 f., 101 f., 106–109, 116–119, 122–125, 129, 136, 146–160, 187 f., 192–197, 202–209)

KARL-HEINZ PFEFFER, *Karst. Entstehung – Phänomene – Nutzung*, Stuttgart 2010.

RAINER MARIA RILKE, *Die Gedichte*, Frankfurt / M., Leipzig 2006. (S. 375 f., 380 f., 511 f., 567–569, 688–717)

RAINER MARIA RILKE, *Duineser Elegien. Die Sonette an Orpheus*, nach den Erstdrucken von 1923 kritisch herausgegeben von Wolfram Groddeck, Stuttgart 2011. (S. 91, 110)

RAINER MARIA RILKE, *Briefe aus den Jahren 1907 bis 1914. Briefe aus den Jahren 1914 bis 1921*, 2 Bde., Wiesbaden 1950. (1: S. 112, 181, 239, 252, 256 f., 259 f., 292; 2: S. 80)

SOHRAB SEPEHRI, *The Oasis of Now. Selected Poems.* Translated from the Persian by Kazim Ali and Muhammad Jafar Mahallati, Rochester 2013. (S. 69)

JOHANN GOTTFRIED SEUME, *Spaziergang nach Syrakus im Jahre 1802*, herausgegeben und kommentiert von Albert Meier, München 1994. (S. 46)

PINO SFREGOLA, *Geologia del Carso Triestino. Fenomeni di carsismo epigeo*, Triest 2016. (S. 17–102, 143–153)

SCIPIO SLATAPER, *Mein Karst*, mit einer Auswahl autobiographischer Prosa, herausgegeben, aus dem Italienischen übertragen und mit einem Nachwort versehen von Ilse Pollack, Klagenfurt 1988. (S. 102 f., 131)

ADALBERT STIFTER, *Bunte Steine. Vollständige Ausgabe nach dem Wortlaut der Erstausgabe*, München 1983. (S. 58)

THÜRINGER LANDESANSTALT FÜR UMWELT UND GEOLOGIE (HG.), *Die Naturräume Thüringens. Naturschutzreport* 21, Jena 2004. (S. 130–139, 192–208, 327–352)

CHRISTOPH AUGUST TIEDGE, *Leben und poetischer Nachlaß. Erster Band. Tiedge's Jugend und Mannesalter*, herausgegeben von Karl Falkenstein, Leipzig 1841. (S. 109 f.)

PAUL VALÉRY, *Gedichte. Die Seele und der Tanz. Eupalinos oder Der Architekt*, übertragen durch Rainer Maria Rilke, Reinbek 1962. (S. 23–25, 63)

FIROUZ VLADI, »33 Jahre Karstwanderweg Südharz – Qualitätsweg ›Wanderbares Deutschland‹«, in: *Heimatblätter für den südwestlichen Harzrand* 71 (2015) (S. 102–118).

JOHANNES WALTHER, *Lithogenesis der Gegenwart*, Jena 1894. (S. 569)

LOJZE WIESER (HG.), *Europa erlesen.* Karst, Klagenfurt 1999. (S. 80 f.)

HERBERT WILHELMY, BERTHOLD BAUER, HANS FISCHER, *Geomorphologie in Stichworten. II. Exogene Morphodynamik. Abtragung – Verwitterung – Tal- und Flächenbildung*, Stuttgart, Berlin 2002.

HERBERT WILHELMY, CHRISTINE EMBLETON-HAMANN, *Geomorphologie in Stichworten. III. Exogene Morphodynamik. Karstmorphologie – Glazialer Formenschaft – Küstenformen*, Stuttgart 2007.

In den Naturkunden, herausgegeben von Judith Schalansky, erscheinen Bücher, die von der Natur erzählen, von Tieren und Pflanzen, von Pilzen und Menschen, von Landschaften, Steinen und Himmelskörpern, von belebter und unbelebter, fremder und vertrauter Natur. Der Name der Reihe ist Programm: Hier wird keine bloße Wissenschaft betrieben, sondern die leidenschaftliche Erforschung der Welt: kundig, anschaulich und im Bewusstsein, dass sie dabei vor allem vom Menschen erzählt – und von seinem Blick auf eine Natur, die ihn selbst mit einschließt.

NATURKUNDEN № 02
JOHN MUIR
DIE BERGE KALIFORNIENS
Hardcover, 352 Seiten
ISBN 978-3-88221-050-7

NATURKUNDEN № 18
ROBERT MACFARLANE
KARTE DER WILDNIS
Hardcover, 303 Seiten
ISBN 978-3-95757-101-4

NATURKUNDEN № 29
EDWARD ABBEY
DIE EINSAMKEIT DER WÜSTE
Hardcover, 344 Seiten
ISBN 978-3-95757-355-1

NATURKUNDEN № 53
PETRA AHNE
HÜTTEN
Hardcover, 132 Seiten
ISBN 978-3-95757-710-8

JAN RÖHNERT, 1976 in Gera geboren, ist Literaturwissenschaftler, Essayist, Übersetzer, Autor von Reiseprosa und Lyriker, der u. a. mit dem Lyrikdebütpreis des LCB, einem Harald-Gerlach-Stipendium, dem Wolfgang-Weyrauch-Förderpreis und dem Lyrikpreis der RAI Südtirol ausgezeichnet wurde. Er unterrichtet an der TU Braunschweig und lebt in Leipzig.

Der Autor dankt der VolkswagenStiftung Hannover für die finanzielle Förderung im Rahmen ihrer Initiative »Originalitätsverdacht«.

Die für die Kapiteltrennblätter verwendetetn Fotografien stammen von Alexander Paul Englert, *www.englert-fotografie.de.*

NATURKUNDEN № 73
Erste Auflage Berlin 2021

NATURKUNDEN
herausgegeben von Judith Schalansky
erscheinen bei Matthes & Seitz Berlin
ermöglicht durch Jan Szlovak, Hamburg

EINBAND, TYPOGRAFIE Pauline Altmann, Berlin
durchgesehen von Judith Schalansky
SCHRIFT Miller von Matthew Carter / Font Bureau,
Aperçu von Colophon
HERSTELLUNG Hermann Zanier, Berlin
PAPIER 90 g/qm Schleipen Fly 05 spezialweiß, 1,2-faches Volumen
DRUCK, BINDUNG Pustet, Regensburg

ISBN 978-3-7518-0203-1

www.naturkunden.de
www.matthes-seitz-berlin.de